水とはなにか〈新装版〉

ミクロに見たそのふるまい

上平 恒 著

ブルーバックス

水は万物のみなもとである。

（矢島文夫訳・世界最古の物語　カナアン出土の楔形文字で書かれた物語の中の言葉）

五行は河から始まる。万物の由《よ》って生ずるところのもの、元気の滕液《エキス》である。

（森鹿三他訳・元命苞　水経注に引用されている言葉）

カバー装幀／芦澤泰偉・児崎雅淑
カバー写真／ⓒIDC/orion/amanaimages
編集協力／㈲東行社　古友孝兒

はじめに

生物は水がなくては生きることができない。水は人間の生活に、はかり知れないほどの大きな影響をあたえてきた。

人類ははるか以前から水の驚くべき力を知っていた。たとえば、古代中国人は五害（水害、旱《かん》害《がい》、風霧雷霜の害、疫癘《えきれい》の害、虫による穀害）のうち、水害を最大であると言っている。二一世紀に入っても毎年のようにどこかで局所的に起こる集中豪雨は人々に甚大な被害をあたえている。

また、水に豊饒と再生の力があるという神話や民話が多くの民族の間で語り継がれてきている。

これらの事実は、水は生命を育てる根源的なものであると同時に、生命を奪うものに転換するという二面性をもっていることを示している。この二面性は水の自然現象によって現れるので、これらの問題は水文学《すいもんがく》で取り扱われている。

次に水を日常生活の観点からみてみよう。たとえば、健康に良い水とか汚染された水という言葉をよく耳にする。その原因は水に溶けている成分にあるのだと言われている。

しかし、さらに詳しく調べると、溶け方にもいろいろあり、また溶けている成分の濃度や、あるいは温度・圧力のような外部条件でも水の性質が変わることがわかってきた。また、水に溶けている高分子や分散している微粒子の表面の水、あるいは狭いすきまや細孔の中の水は普通の水とは違うことがわかった。

さらに生物の体の中の水はどうだろうか。生体の水は、極限状態、たとえば乾燥した高温の砂漠、あるいは極地の南極大陸などで生存する生物では変わるのだろうかという疑問が浮かぶ。

このような多様性を示す水はきわめて魅力的な物質で、さまざまな分野の研究者の関心の的となってきた。現在でも水に関する多くの研究が行なわれている。新しい結果が発見され、それに応じて新たな問題が提起されている。

水の多様性は本質的には水分子の性質によって決まる。水は分子量がわずかに一八で、二個の水素原子と一個の酸素原子からなる簡単な化合物である。この見かけの単純さにもかかわらず、水分子は驚くべき性質をもっている。

本書では、水分子の運動やその並び方のようなミクロなふるまいが、水の性質にどのように反映しているかを考えることにする。

最初に第一章で分子の運動や分子間に働く力について説明する。そして第二章と第三章で水と水溶液の構造についてのべる。ここでは溶質の種類に応じて水分子の応答が異なることが示される。続いて第四章と第五章で界面や生体内の水の挙動、第六章では外部条件の変化によって生じる水の興味ある挙動、最後に第七章では医学や食品科学の分野でますます重要になってきている低温生物学と水との関係を説明する。

これらの章を通じて、水の多様性はそれぞれの場合に特有な水分子のダイナミックな応答によるものであることが理解されると思う。

水とはなにか　もくじ

はじめに　5

第一章　分子レベルでみた気体・液体・固体　11
気体、液体、固体の違い／弾丸なみの気体分子のスピード／分子運動からみた気体、液体／並進運動と回転運動／分子間に働く種々の力／ファン・デル・ワールス力／力の勢力範囲／ポテンシャル曲線／ポテンシャルの谷／分子を捕える

第二章　水の構造をさぐる　37
水は液体の代表か／水分子の構造と作用する力／水分子の二重性格／水の性質／さめにくい液体／水は蒸発しにくい／水は縮む／一八種類の水／純水とはなにか／なぜ氷は水に浮かぶのか／激しく運動している氷の結晶／ガラス状の水／水の構造／水の構造の平均寿命／クラスター説は間違い

第三章　水溶液の構造　75

物を溶かす特殊能力／蒸留酒と醸造酒／アルコール水溶液の性質／「5cc＋10cc＝14.6cc」!?／置換え型と空家型／エタノール水溶液中の分子の動きやすさ／似ている砂糖と水／電解質の水溶液／イオンと水分子の間の力／イオンのまわりの水分子の配列／正の水和と負の水和／イオンの熱運動

第四章　界面と水……107
表面張力／洗剤の働き／毛管現象／水と油の話／エントロピーの減少／疎水性水和／疎水性相互作用／二〇度Cで凍るガス／地球温暖化とクラスレート水和物／すきまの水／浸透圧／水の活量／浸透圧と生物／南極大陸の塩湖に生きるドゥナリエラ

第五章　生体内の水……141
人は一日にどれだけの水が必要か／体液の組成／細胞／蛋白質の構造／三次構造と疎水性相互作用／蛋白質構造内部の水分子／蛋白質の水和量／三重の水に取り囲まれた蛋白質／蛋白質生合成と水分子の働き／蛋白質を守る構造化した水／酵素反応と水和／イルカはなぜ速く泳げるのか／細胞内の水の状態／体の中を水が回る速さ／老若生死の識別／似ている赤血球とガン細胞／休眠と冬眠／重水の生理作用

第六章　麻酔・温度・圧力……179
麻酔と温度の関係／不活性気体の性質／ガス麻酔／細胞の増殖を停止させる／立枯れの原因は／人は何度Cで凍死するか／すきまの水と温度変化／生命に危険な一五、三〇、四五、六〇度C／エコロジー／圧力と気体の溶解度／高圧と水の二面性／潜水病（ケイソン病）／クジラはなぜ潜水病にならないか？／潜水酔い――窒素の麻酔作用

第七章　低温生物学……205
低温生物学とは／細胞内の水は何度Cで凍るか／生体組織の凍結／精子の凍結／利点の多い冷凍血液／冷凍人間は蘇生するか／雪どけ水の謎／血液と精子の凍結乾燥／ガンの凍結療法／人体実験

あとがき　223
参考文献　225
さくいん　227

第一章　分子レベルでみた気体・液体・固体

ブロブディンナグ国に行ってガリバーははじめて、リリパット国の人々がごく小さなものでも見分けることができるのに気がついた。そこでミクロ人間になって分子の世界に行き、あたりを見まわしてみると、絶対的に静止しているものは何一つなく、あらゆる分子がものすごいスピードで飛びまわったり、ひとつところで行ったり来たり、ぐるぐるまわったりしているのに気がつくだろう。

ミクロ人間が空気中を歩いたとすると、たえずどこからか分子が飛んできて真正面からぶつかって押しもどされたり、後ろから押されたり、あるいは右へ左へとこづきまわされ、けっして真っ直ぐに歩くことができない。まるで酔っ払いが千鳥足で歩いているようなもので、どこへ行こうとしているのかまったくわからなくなる。この運動がブラウン運動である。

気体、液体、固体は分子運動の速さによって区別ができる。すなわちこの順番に分子運動は遅くなる。そして分子の間にはいろいろな力が働いており、分子運動はこの力によって制約を受ける。

◎気体、液体、固体の違い

私達のまわりには、必ず空気や水、それに大地がある。このうち、空気と水がなければ私達は生きていくことができない。大地もなければ大変に困る。科学技術の進歩した今日では、海や空中で一生大地にふれることなく生きていくことはできるだろう。だがその生活はおそらく非常に奇妙な、なにか満たされない思いがいつもつきまとうに違いない。

それで、空気と水、大地を人間、もっと一般には生物が生きていくための最も重要な三要素とみなすことができる。

ところでこの空気、水、大地を別の言葉で言うと、気体、液体、固体と呼ぶことができる。つまり私達は気体や液体、固体で囲まれて生活している。身近にあるその他の気体の例としては都市ガスがある。また液体には、ジュースやいろいろの酒類、それからガソリンなどがあり、固体としては、いろいろな金属製品や陶磁器、あるいは食塩などがある。これらの例から気体、液体、固体とはどんなものかある程度想像がつくに違いない。

私達のまわりに日常起こっている現象を少し注意してみると、温度の変化によって物質は気体、液体あるいは固体のどの状態にでもなることに気づくだろう。

たとえば水は常温では液体であるが、熱すると水蒸気（気体）になり、零度C以下に冷やすと氷（固体）に変わる。

表1　1気圧，25℃の気体分子の平均速度

気体分子	速度(m/s)
二酸化炭素（CO_2）	378
酸　　素（O_2）	443
窒　　素（N_2）	474
水 蒸 気（H_2O）	590
水　　素（H_2）	1768
ロケットの地球脱出速度	11200

風の吹く方向や水の流れなどをみていると、気圧の変動や高さの変化などで空気や水はたえず流動しており、固有の形をもっていない。ところがナベとか皿などはたたいてへっこますとか、こわしたりしなければ形は変わらない。みたところ固体はいつまでもその形を保ち、気体や液体はその形を変えやすいようにみえる。これは固体、液体、気体の大変重要な性質であるが、もっとミクロな立場から気体、液体、固体の違いを考えてみよう。

◎弾丸なみの気体分子のスピード

私達の地球を取り巻いている空気の組成をみると、大部分は窒素分子（N_2）と酸素分子（O_2）で、窒素は全体積の約五分の四、酸素は約五分の一を占め、その他にごく少量のアルゴン（Ar）、二酸化炭素（CO_2）、水素（H_2）、ヘリウム（He）などが含まれている。

そしてこれらの気体分子はものすごい速さで空中をいろんな方向に飛び回っている。物質、特に気体の性質を示す場合、普通、温度と圧力を決めておく必要がある。二五度C、一気圧の時の窒素分子などの速度を表1にあげる。表をみると、気体分子は一秒間に数百メートルの速度で動いている。秒速ではわかりにくいので、時速になおしてみると、酸素分子は、時速一五九五キロメートル、いちばん軽い水素分子ではなんと時速六三六五キロメートルの速度をもっている。新幹線ののぞみは平均時速二二〇キロメートル、国際線を飛んでいるジェット機は時速八〇〇キロメートルであるから、酸素分子や窒素分子がどんなに速いスピードで動いているかわかるだろう。これらの比較を図1に示してある。水素分子の速度はライフル銃から飛び出す弾丸の速度と同じくらいである。

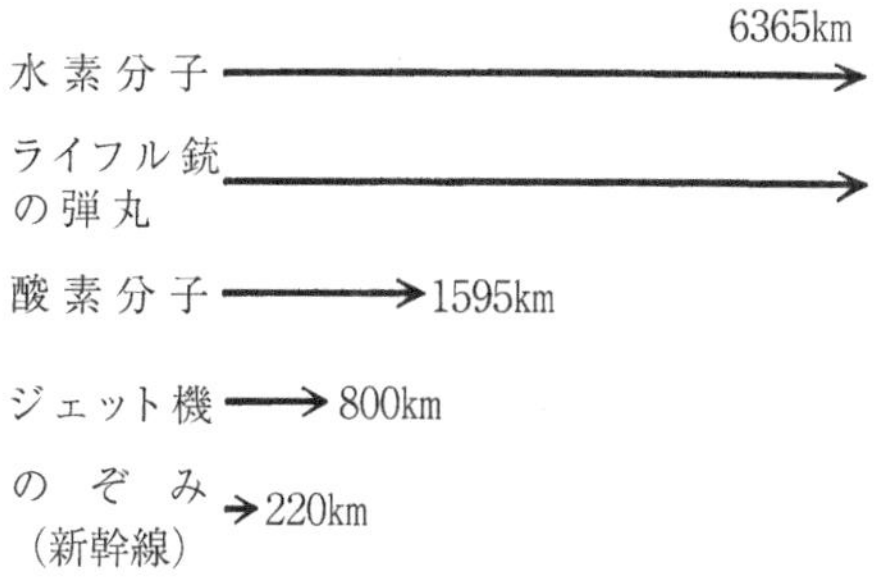

図1　気体分子や乗物などの時速の比較

さて、ロケットが地球から脱出するために必要な速度は秒速一一・二キロメートルである。表1の中でいちばん速く動いている水素分子でも地球からの脱出速度よりははるかに遅い。しかし表1の値はある平均値であって、実際には脱出速度の速さで動いている水素分子も存在する。そのため、水素分子とかヘリウム分子のような軽い気体はたえず大気から宇宙に向かって飛び出している。計算によると水素やヘリウムは地球からの補給がないと、一〇億年で消え失せてしまうということである（古在由秀、月）。

◎分子運動からみた気体、液体

分子がこんなにも速く運動していることをはじめて聞いた読者はたぶん次のような疑問をいだくだろう。

(1)分子運動はどうして起こるのか。

(2)たとえばガスコンロの火が消えて、ガスがもれた場合に、しばらくたってからでないとガスの臭いがしない。もし一秒間に数百メートルも運動するならば、ガスがもれた瞬間に気がつくはずである。

これらの疑問の答えは次のとおりである。私達は働いたり、運動したりするためには、食物をとって、これを熱エネルギーの形に変えなければならない。分子運動もまた分子のもっている熱エネルギーによるものである。分子は、自身を取り巻いているまわりから熱エネルギーを得る。それで分子運動をもっと正確には分子の熱運動と呼ぶ。

(2)の疑問は、クラウジウスが一八五七年に気体分子運動論を発表して、分子の運動速度が毎秒数百メートルであることを示した時に出された疑問である（荒川泓《きよし》、近代科学技術の成立）。彼によれば、分子はお互いにまったくでたらめな方向に運動しているので、ほんのちょっと動くとすぐ他の分子と衝突して進路を変える。それである一定方向に移動する速さ（拡散速度）は、分子の実際に運動している速さに比べると非常に遅いことになる。一回目の衝突から次の衝突までに分子が移動する距離を平均自由行路と呼ぶ。いくつかの気体についての値を表2に示す。また、一気圧、常温で、気体一立方センチメートル内の分子の衝突数は一秒間に一〇の二七乗という莫大な値である。

ここで、気体と液体中の分子間距離、すなわちすきまの広さについてふれてみよう。一八立方センチメートルの水を熱して水蒸気にすると、一気圧で二二・四リットルになり体積は約一〇〇〇倍にふえる。一八立方センチメートルの水と二二・四リットルの水蒸気に含まれている水分子の数は同じであるから、分子間距離は水蒸気の方が一〇倍ほど大きいことになる。液体中でも分子が同じように速い運動をしているならば、液体の方が分子の衝突数がもっと大きく、したがって衝突の間に動く距離はもっとずっと短いはずである（気体の分子間距離は圧力が低くなるほど大きくなる）。

表2　1気圧，25℃の気体の平均自由行路

気体	距離（mm）
二酸化炭素	0.0000433
一酸化炭素	0.0000637
酸素	0.0000702
窒素	0.0000655
アルゴン	0.0000693
水素	0.0001226
ヘリウム	0.0001962

実際に液体中の分子の速度を測ってみると、気体中の速度の約一〇分の一の速度で運動している。たとえば水のような液体では秒速五三メートルくらいで、時速になおすと一九〇キロメートルであるから、新幹線なみの速さである。また液体の場合

図2　せまい雨天体操場では，たえず衝突するが，広い野原ではなかなかぶつからない

には、数オングストローム（Å）動くと他の分子にぶつかってしまう（一オングストロームは一億分の一センチメートル）。

たとえば、せまい雨天体操場で子供達がてんでに勝手な方向に走り回ると、たえず誰かにぶつかるが、広い野原ではなかなかぶつからない。図2はこの様子を描いたものである。液体と気体の違いはこの様子によく似ている。

つまり、分子の熱運動でみると、液体中の分子速度は気体中の分子速度の一〇分の一くらいであり、分子が衝突するまでに動く距離は、液体の方が気体の一〇分の一程度である。

ここで液体中の分子速度がなぜ気体中よりも遅いかを考えてみよう。前にのべたように、分子運動は分子のもっている熱エネルギーによって起こるものであるから、エネルギーの大きい分子ほど速く運動することは、容易に理解できる。液体を熱すると熱を吸収して気体になる。この時吸収した熱はエネルギーの形で個々の分子の中にたくわえられる。したがって、気体の方が液体よりも一般にエネルギーの高い状態にある。

次に分子運動と液体（または気体）の流れという非常に大事な問題についてのべよう。たとえば、水道のせんを少しゆるめると水は細い紐《ひも》のようになって蛇口から流れ落ちる。あるいは細いガラス管を少しかたむけて水を流すとしよう。水はたしかに一方向に流れている。一直線になって流れている。このような水の中での分子運動はどのようなものであるのだろうか。この時の水分子の熱運動の速度は水が静止している場合と同じであり、運動方向も相変わらずお互いにまったくでたらめである。この熱運動に重力が加わって、水は全体として下に流れ落ちるのである。

一般に、気体でも液体でも、適当な外力があたえられた時の分子運動は、熱運動に外力の影響が加わって合成された運動になり、熱運動がなくなるということはない。

◎並進運動と回転運動

これまでのべてきた分子運動は、もっと正確にいうと、並進運動と呼ばれるもので、これが熱運動のすべてではない。その他に分子の回転運動や、あるいは分子自身が伸びたり縮んだりまたは変形する内部運動がある。この本で取り扱うのは並進運動と回転運動である。

回転運動というと分子がちょうどコマのように、一方向にくるくる回転する運動を想像されるかもしれないが、実際はそうではなくて、回転方向がいろいろに変化する運動である。言葉だけではその様子を理解するのが困難と思われるので、図で説明することにしよう。

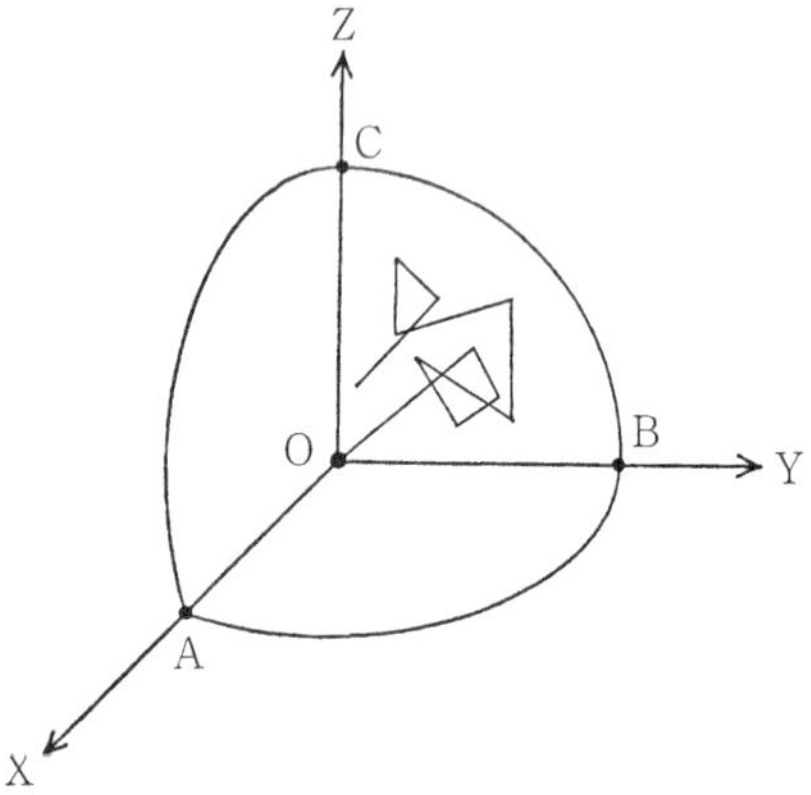

図３　分子の回転運動

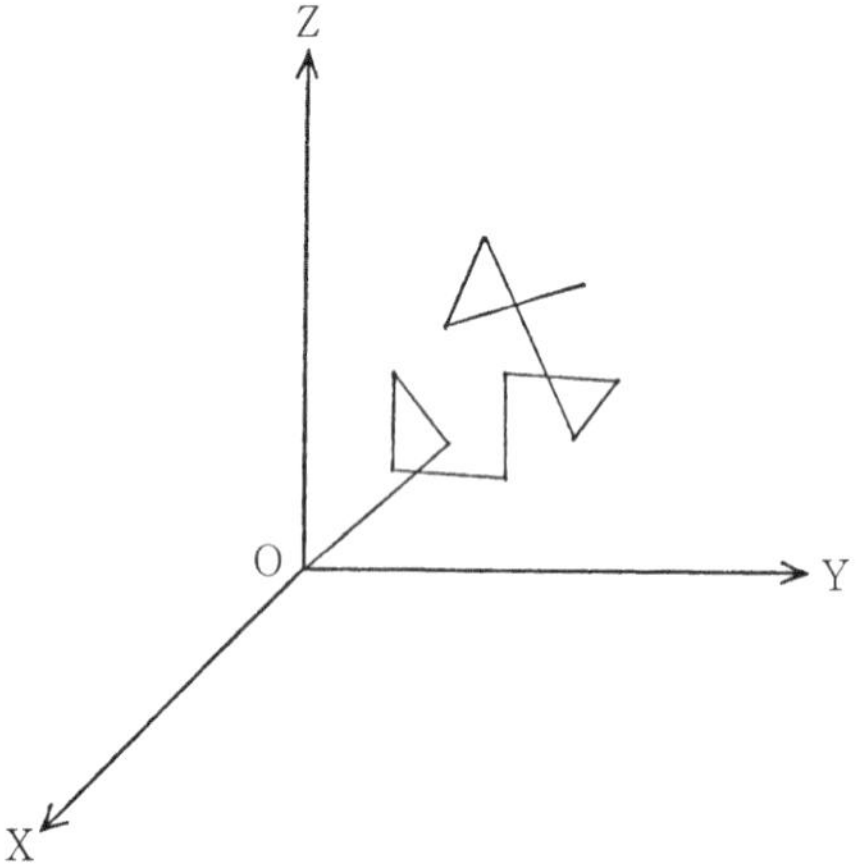

図４　分子の並進運動

今、図3のようにXYZ軸で直交座標を表し、原点Oに球形分子をおいたとする。この分子から重さのない一本の棒が突き出していて、その端はちょうど同心球ABCの表面にふれているとする。分子が回転運動をすると、それにつれて棒が動き、球面上に図のような軌跡を描く。その軌跡の様子は、並進運動の軌跡（図4）とよく似ている。分子の回転運動はこのように回転の方向がたえず、しかもまったくでたらめに変化する運動である。この回転の速さは並進運動の速さと同じくらいである（35ページの注参照）。分子はこのような回転をしながら、並進運動をしているのである。なお、並進運動と回転運動をそれぞれ、並進のブラウン運動および回転のブラウン運動と呼ぶことがある。

次に液体と固体を比べてみると、分子の間の距離は一般に固体の方が少し短く、分子速度ははるかにおそい。液体は分子速度については気体に近いが、分子間の距離についてはむしろ固体に近い。この性質は大変重要であって、後でのべる水のある状態が液体か固体のいずれかであるかを決める場合には、いつもこの性質によって判断する。

さて、気体、液体、固体いずれの場合にも、分子はある速さで運動しているが、「水は方円の器に従う」という諺《ことわざ》にもあるように、気体も液体も自分自身の形態を保つことはできない。一方固体はこわさない限り自分自身の形をいつまでも保っている。このような違いは何に原因があるのだろう。それを知るためには、私達は分子の間に働いている力について考えてみなければならない。

◈分子間に働く種々の力

リンゴが木から落ちるのをみて、ニュートンが考えついたといわれている万有引力については、たいていの人が知っていると思う。この力はその名前が示すように、すべての物体の間に働いて、お互いに引きつけようとする力である。したがって、もちろん分子の間にも万有引力が働いている。地球上の生物やすべての物質が宇宙のどこかへ飛んでいってしまわないのもこの力（重力）のおかげである。

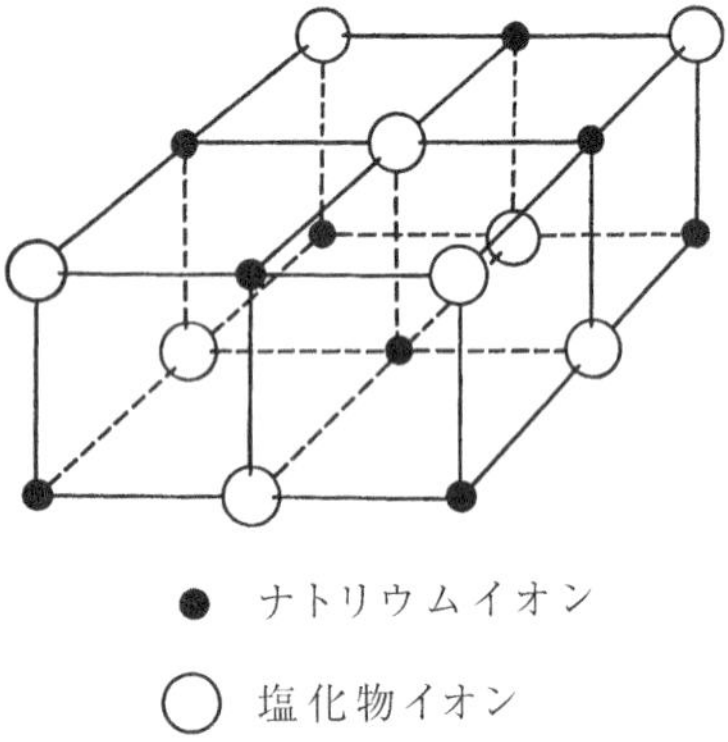

図5　食塩の結晶

しかし、分子（または原子）の間に働いているもっと大切な力がいくつかある（力の大きさを計算してみると、分子の間に働いている万有引力は、以下にのべるファン・デル・ワールス力に比べ非常に小さい〈10^{30}分の一〉ので、万有引力については考えなくてもよい）。

たとえば、食塩の結晶は図5のように、さいころを積み重ねたような形をしている。プラスの電気を帯びたナトリウムイオンとマイナスの電気をもっている塩化物イオンが、さいころの各頂点に位置して、規則正しく交互に並んでいる。この場合には、ナトリウムイオンと塩化物イオンの間にはお互いに引きつけあう力（クーロンの引力）、それからナトリウムイオン同士および塩化物イオン同士の間には、反発する力（クーロンの反発力）が働いている。クーロン力は、電気（一般には電荷という）をもっているイオンの間に働く力である。ファン・デル・ワールス力はすべての分子の間に働いて、お互いに引きつけあう力である。その他に後でのべる水素結合という力もある。この水素結合は、水や水溶液の性質を決める非常に大事な力である。

◈ファン・デル・ワールス力

水分子は第二章でのべるように、分子の中で正の電荷と負の電荷が分かれているために双極子能率をもっている（双極子能率は正負両電荷の距離に電荷の値をかけた値に等しい）。このような分子を有極性分子という。有極性分子の間には双極子による引力が働く。短い棒の両端にそれぞれ正の電気と負の電気を帯びている物質を双極子と呼ぶ。この正負の電気の絶対値は等しいので双極子をもつ分子は全体として、電気的に中性である。

この双極子は磁針と似たふるまいをする。磁針と磁針を近づけると、同じ極同士は反発し、N極とS極がお互いに引きつけあうような力が働くが、有極性分子（双極子）の間にも似たような力が働く（磁針の場合には磁気力が働き、双極子の場合には電気的な力が働く）。大きな双極子能率をもっている双極子ほど大きな引力が働く。

ところがメタン（CH_4）のような分子では、正負の電荷が分かれていないので、双極子能率をもたない。このような分子を無極性分子という。

メタンをマイナス一八四度Cまで冷やすと固体になることからわかるように、メタン分子の間にもごく弱い力が働いている。この力がファン・デル・ワールス力である。一八七三年にオランダの物理化学者ファン・デル・ワールスが気体の状態方程式をみちびいた時に、すべての分子は互いに引きあっていると仮定した。

さて、メタンのような無極性分子は、有極性分子と異なって双極子をもたないから、分子のまわりの平均の電場の値は零である。しかし分子内を電子が運動しているために、瞬間的には双極子の電場と同じような電場が生じる。この電場の方向はたえず変化しているので、比較的長い時間でみると電場は零になる。

この瞬間的な電場のために、無極性分子の間にも力が働く。この力は分子間距離の七乗に反比例する。この引力の存在をロンドンがはじめて量子力学的に説明したので、一般にはロンドン－ファン・デル・ワールス力と呼ぶ。なおファン・デル・ワールス力は有極性分子同士および有極性分子と無極性分子の間にも働くことが証明された。したがって、この引力はすべての分子の間に働いている。本書ではこれらの力を一まとめにして、ファン・デル・ワールス力と呼ぶことにする。

ファン・デル・ワールス力は特別に工夫して作った天秤を用いて直接に測定することができる。一九五一年に、ソビエトのデルヤーギンとアブリコソワ、オランダのオーバービークとスパルナイが独立に測定した。

◎力の勢力範囲

ここで力という言葉の中に含まれている意味について考えてみよう。私達はあの人は力が強いとか弱いという表現を日常使っている。この場合には、力の強さが問題になっている。また、「某国の勢力範囲」という表現をみることもある。この場合には、力の大きさもさることながら、力の及ぶ範囲に主眼をおいている。このように、私達は日常でも力について考える時に、力の強さとその及ぶ範囲を問題にする。分子の間の力を考える時も同じであって、力の強さとその力が及ぶ範囲を考える必要がある。日常使っている「力の及ぶ範囲」という言葉はむしろ比喩的なもので、その範囲内で力がどのように変化していくかというようなことはあまり問題にならない。

ところが分子の間に働く力の場合には、分子間の距離とともに力がどのように変化するとか、あるいはその及ぶ範囲などを数値で具体的に表すことができる。力の種類によって、急激に小さくなる力もあれば、ゆるやかに変化する力もある。

もう一つ大事な力がある。この力は万有引力と同じく、すべての物質がもっている力であって、反発力と呼ばれている。この力は、同じ場所を同時に二つ以上の物体が占めることはできないという原理に由来している。このことは、固体の場合には大変わかりやすい。しかし、たとえばコップの中の水に砂糖を溶かした場合には、砂糖が水の中に溶けてまったく見えなくなるので、コップの中の場所を水と砂糖が同時に占めているのではないかと考える人がいるかもしれない。しかし、もしも非常に倍率の高い電子顕微鏡のようなものがあって、分子を直接みることができたとすれば、水分子と砂糖分子は接触してはいるが、それ以上近づくことができない様子がみえるはずである。このことはX線解析や他の実験によって確かめることができる。

こうしてみると、すべての物質は引力と反発力をもっていることがわかる。

二つ以上の分子が、同時に同じ場所を占めることができないという原理に基づく反発力の作用範囲は非常に小さい。普通はごく簡単に考えて、二つの分子がちょうど接した時に、無限に大きい反発力が働くと考えている。したがって、分子が離れるとこの反発力は消えてしまう（以下でたんに反発力という場合にはこの反発力をさすものとする）。これに反して、同じ符号の電荷をもったイオンの間に働くクーロンの反発力は、もっと遠くまで作用し、二つのイオン間の距離の二乗に反比例して減少する。

次に引力の作用範囲に移ろう。これまでに登場した引力は、クーロンの引力、水素結合、ファン・デル・ワールス力の三つの引力であった。引力の絶対値によって作用範囲は異なるが、ごくおおざっぱにいって、引力の作用範囲は、クーロンの引力、水素結合、ファン・デル・ワールス力の順に小さくなる。その作用範囲は、分子の直径の三〜四倍くらいで、これ以上離れると、どの引力も働かなくなる。また引力の減少の仕方をみると、クーロンの引力は距離とともに比較的ゆっくり（クーロンの反発力と同じく距離の二乗に反比例する）減少し、ファン・デル・ワールス力の減少の仕方がいちばん急激である。

◎ポテンシャル曲線

このようにして、ある二つの分子の組を考えると、その間には、反発力と引力が働いていることがわかる。この二種類の力が分子間距離とともにどのように変化するかを示したのが図6のポテンシャル曲線と呼ばれる曲線である。図で原点Oに一つの分子をおき、第二の分子との間の距離を横軸にとってある。縦軸の正の方向（上向き）は反発力で、負の方向（下向き）は引力を示す。そして反発力と引力が距離によって変化する様子も図に示してある。分子間距離が増すと反発力（のポテンシャル）は急激に零になる。一方、引力（のポテンシャル）は原点Oから十分離れたBで零になる。分子の間に働いている力はこれらの反発力と引力を加え合わせた力で、この

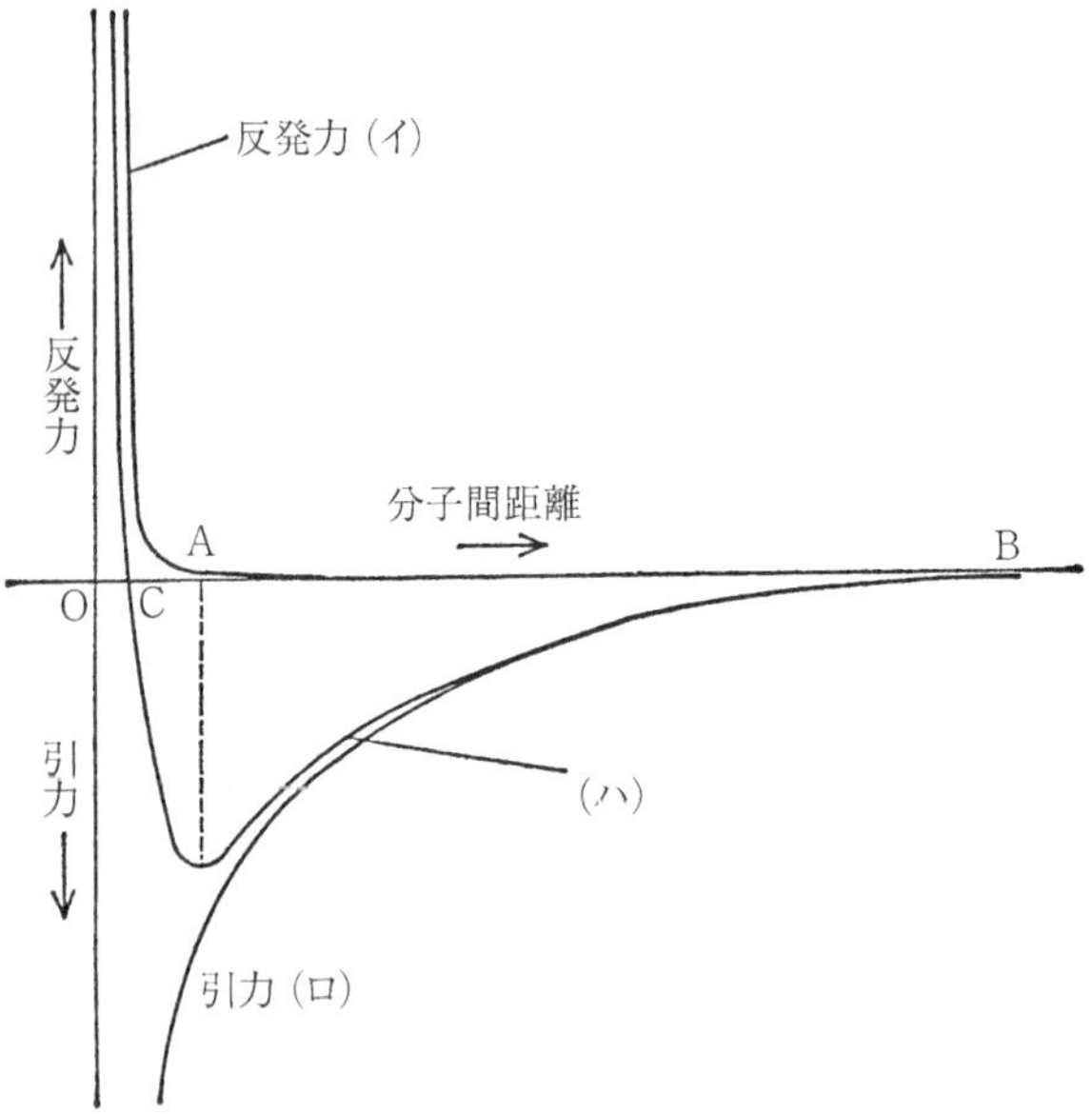

図6　分子間のポテンシャル曲線

ポテンシャル曲線を(ハ)で示す。このポテンシャル曲線はちょうどAの位置のところが谷底（最小値）になっている。今、第二の分子を遠方からだんだん近づけてBまでもってくると、引力が働いて分子は原点の方に引きつけられ、Aの位置まで到達する。Aを過ぎるとポテンシャル曲線は急に上の方にのびて、反発力が引力にまさるので、それ以上、原点Oのところにある分子に近づくことができず、Aより離れた方に追いやられる。結局分子は谷底を中心にしてポテンシャル曲線の谷をいったりきたりする。こうしてみるとOAを分子間の平均距離と呼ぶことができる。そして引力の強さは谷の深さに比例する。図のC点では反発力が非常に大きくなって、分子はそれ以上近づくことはできない。それでOCを最近接距離と呼ぶ。

◎ポテンシャルの谷

ポテンシャル曲線の谷を分子が運動している場合にどんなことが起こるかを茶わんの中に入れたビー玉を例にして考えてみよう。

図6のポテンシャル曲線(ハ)の下の部分をみると、この形は茶わんの断面によく似ている。それで簡単のためにポテンシャル曲線を茶わんで置き換え、その中にビー玉を入れて茶わんをゆり動かしてみよう。図7に深い茶わんと浅い茶わんを描いてあるが、これは分子

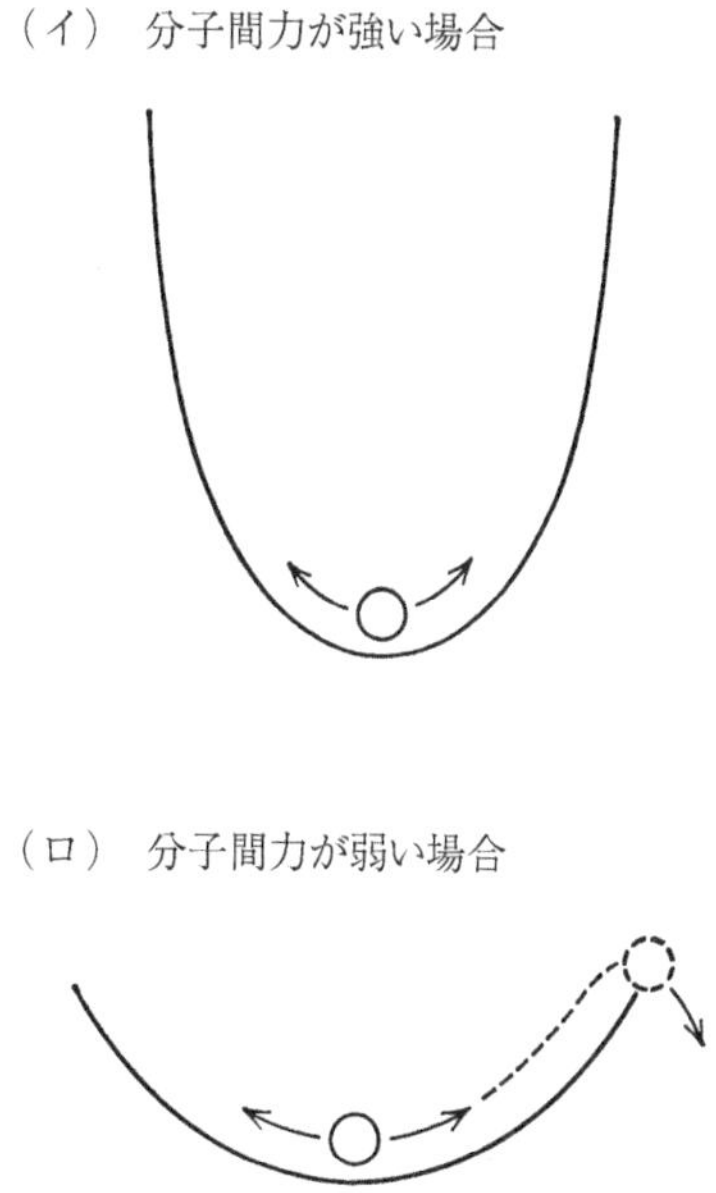

図7　ポテンシャルと分子の熱運動の関係

間力が強い場合と弱い場合に対応することは、容易に考えられるであろう。そして茶わんをゆり動かすことは分子の熱運動に対応する。図7の(ロ)では茶わんを少しゆさぶっただけでも簡単にビー玉は外へ飛び出すが、(イ)ではだいぶ強くゆさぶらないとビー玉は外へ飛び出さない。飛び出した球は力の作用圏から離れてしまったので、もとの状態には戻らず自由に動きまわるだろう。

このような実験からわかるように、図6（28ページ）のポテンシャル曲線に戻って考えると、分子運動が非常に激しい時には、引力が働いていても、その力に逆らって力の及ばないところへ飛び出すことができるのである。

そこでもう一度液体と固体の違いについて考えてみよう。固体では分子（または原子）間距離が液体に比べて小さいので、お互いに分子の間の力が強く働いて、液体の場合のように自由に動きまわることができない。

前にのべたように、引力の及ぶ範囲は分子直径のせいぜい三〜四倍程度である。そしてこの力は分子の間の距離とともに急激に小さくなる。すなわち図6のAの位置では引力は強くても、この位置から少し離れると引力は十分に弱くなる。液体の方が固体に比べて分子が動きやすい、つまり熱運動が激しいのは、分子間力のこの性質によるのである。

図5に食塩の結晶を示したが、ナトリウムイオンと塩化物イオンの配列をポテンシャル曲線を用いて示したのが、図8である。結晶状態ではイオンの熱運動が弱いのでポテンシャルの谷から

飛び出ることはできない（厳密にいうと、ごく少数のイオンは飛び越えることができる）。ところが温度を上げて八〇〇度Cになるとイオンの熱運動が非常に激しくなり、同時にイオン間の距離が少し大きくなる。これはイオン間のクーロンの引力が小さくなったことを意味する。したがって図8に示すようにイオンは自由にポテンシャルの山を乗り越えることができるようになる。

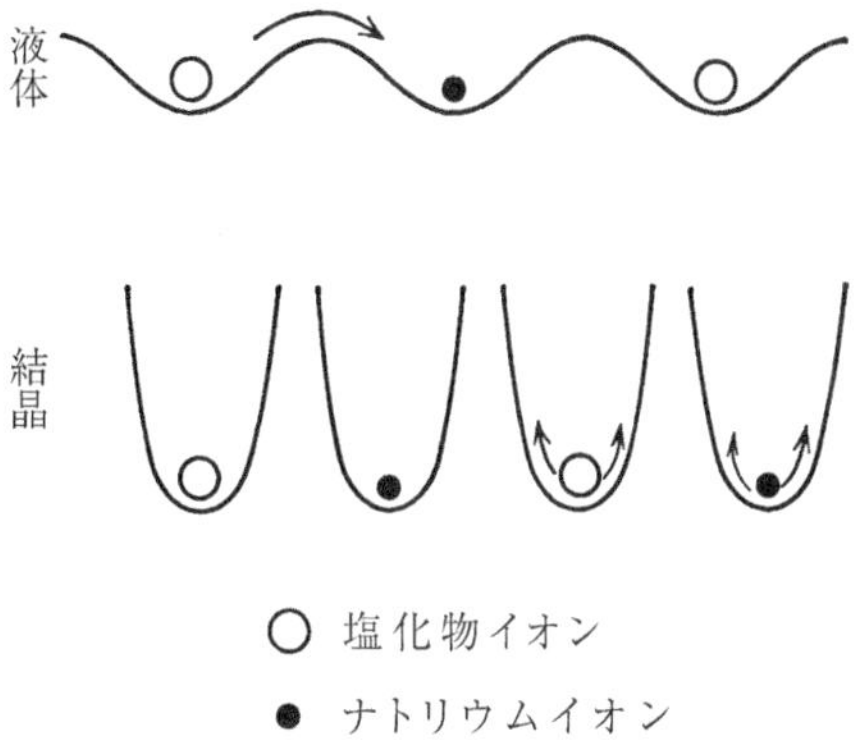

図8　食塩のポテンシャル曲線

この状態では食塩は液体になっている。

17ページで説明したように、気体、液体または固体中の分子の速度はすべて同じではない。速く動く分子もあれば遅く動く分子もある。たとえば水を考えると、十分速く運動している水分子は水の表面から飛び出して水蒸気になる。一方、水蒸気中の水分子がたまたま水の表面にぶつかると力の作用圏に入り液体になってしまう。密閉した容器の中に水を入れると一〇〇度C以下の温度では、飛び出す水分子の数と水の中に入る水分子の数は同じである（温度が高いほどこの数はふえる）。ところが一〇〇度Cになると、水の中のすべての水分子の熱運動が激しくなって、液体の状態を保っていることができなくなる。これが沸騰である。

ポテンシャル曲線の谷（すなわち最小値）は、分子間力が大きいほど深い。分子が深い谷から飛び出すためには熱運動が激しくなければならなかった。つまり多くの熱エネルギーが必要である。沸点は液体のすべての分子がお互いの力の作用圏から飛び出す温度である。そこで分子間力が強い液体ほど沸点が高いという重要な法則がえられる。これについては、第二章で再びふれることにする。

◎分子を捕える

これまでは、同じ種類の分子同士の間の力と熱運動の関係についてのべてきた。次にある物体と分子の間の力や分子運動との関係について考えることにしよう。

今、ある物体（固体）をとりあげてみると、これは必ず表面によって囲まれている。この表面は鏡のように滑らかなこともあるし、あるいはコンクリートの壁のようにざらざらしていることもある（しかし電子顕微鏡でのぞいてみると、どんな表面でも凹凸の繰り返しのあることがわかる）。それで物体と分子の間の作用は結局は表面と分子の間の作用である。

この物体は原子または分子からできているので、物体と分子の間の力といっても、その本質は分子間力であることに変わりはない。しかし、私達が物体という時は、小さいにしても、そのものはある形をもった、肉眼でみえる程度の大きさをもっている。そして、この物体と分子（たとえば気体の）の間の力は、気体分子同士の間の力に比べて桁違いに大きい。たとえば、空気中にさらされている物体の表面は、必ず空気中の分子によってすきまなくおおわれていると考えてよい。空気中にはいろいろな種類の分子があるが、その中のどの分子でおおわれているかは、表面をつくっている物質の種類による。それから、同じ種類の物質でも表面の状態（たとえば凹凸の程度）によって力の大きさが異なる。この表面の性質はいろいろな方面で利用されている。

以前は、軒下などにはられているクモの巣に虫がひっかかっている光景がしばしばみられた。蚊トンボとかハエなどのように小さな虫は、クモの巣にふれると、くっついてしまって離れることができない。ところがセミなどのように比較的大きな虫になると、ひっかかってもばたばたやっているうちに巣から離れて飛び去ってしまうことがある。

小さな虫の例を分子速度が遅い、セミの例を分子速度が速い場合と考えることができる。

分子の世界でもクモの巣のような現象が実際に起こっている。たとえば冷蔵庫に入れてある脱臭剤は臭いの分子を捕えてしまう。分子の熱運動は温度が高いほど激しいので、温度が低い方が分子を捕えやすい。また表面積ができるだけ大きい方が、たくさんの分子を捕えるので、このような脱臭剤は多孔質にしてある。

分子の間に働く引力の中には特別な組み合わせの場合にのみ働く力がある。その代表的なもの

図9　分子を捕える力

は、食塩の例でのべたクーロンの力である。これは正の電荷と負の電荷の間に働く。この力を利用すると、イオンだけを捕えることができる。イオン交換樹脂がその例である。

イオン交換樹脂には陰イオンだけを捕える陰イオン交換樹脂と陽イオンだけを捕える陽イオン交換樹脂とがある。

水道水の中には塩化物イオンなどのイオンが溶けこんでいる。この水道水をこれら二種類のイオン交換樹脂に通すと、陽イオンと陰イオンがそれぞれ選択的に捕えられて水道水は純水に変わる。

その他、人体に有害な重金属イオンで汚染された水からこれらのイオンを選択的に捕える物質もある。このような物質を一般に吸着剤と呼んでいる。

21ページの注

分子運動の速さ

第二章以下では、回転運動と並進運動の速さを秒で表す。その意味は次の通りである。回転運動の速さは分子がその重心のまわりに一ラジアン回転するのに要する時間であり、並進運動の速さは分子の直径に相当する距離を移動するのに要する時間である。分子運動の速さは、このように時間を単位にして表すと理解しやすい。

水のＮＭＲ測定結果によると、純水中の水分子は、10^{-12}秒の間に並進運動で、二・八オングストローム進み、その間に約二回でたらめな回転運動をしている。

第二章　水の構造をさぐる

前章で私達は、物質の状態は分子の熱運動によって決められることを知った。熱運動だけだと分子の集団は渾沌《こんとん》としているが、この状態は分子の間に働く力によって一つの秩序ある状態になる。

この立場から水を眺めると、水（液体）の構造はけっして不変なものではなく、たえず生成消滅を繰り返している。その平均寿命はわずか10^{-12}秒程度の想像もつかないくらい短い時間である。このことを強調するために、特にダイナミック（動的）構造と呼ぶ。

水という物質の個性は水分子の構造にある。水分子は四本の腕をもっていて、その端を結ぶとちょうど正四面体ができる。水分子はこの形に似せた結晶をつくる。すなわち、氷は正四面体の格子からできている。水でもごく狭い範囲をみると、分子の並び方は氷と似た配列をもっている。

水や氷の状態で主役を占める力は水素結合で、水分子の配列が正四面体の構造をとるのはこの力のせいである。このような構造をもった液体である水はどんな性質を示すだろうか？

◈水は液体の代表か

私達の周囲で最も豊富にある液体といえば、それはいうまでもなく水である。海は地球の表面の五分の四をおおっており、わが国はこの海によって四方を取り囲まれている。

前章では液体を分子運動の激しさや分子間距離などの点から考えた。これは液体をミクロな視点でみる時の本質的な面である。私達が普通液体という時、どんな状態のものを想像するだろうか？

水という漢字のもとの形はであり、川のもとの字体はでともに流れている様を表している（白川静、漢字の世界Ⅰ）。古代中国の人々が水という字に液体の最も典型的な性質をもって代表させているのはきわめて興味深いことである。

水はたしかに最もありふれた液体である。ところで、前章で液体や固体を分子運動や分子間力を基準にして眺めた。ここで液体というものをもう少し詳しくみることにしよう。

私達のまわりには、水の他にアルコールとかガソリンなどの液体がある。さらに、温度計の中に入っている水銀もまた液体である。このように、液体といってもいろいろで、たとえば水銀は金属である。普通金属といえば、すぐ固体状態の鉄などを思いうかべるであろう。そうしてみると水銀は液体としては、変わった液体であろうか。

変わったとかありふれたという表現を用いる時にはなんらかの基準が必要である。物理化学者

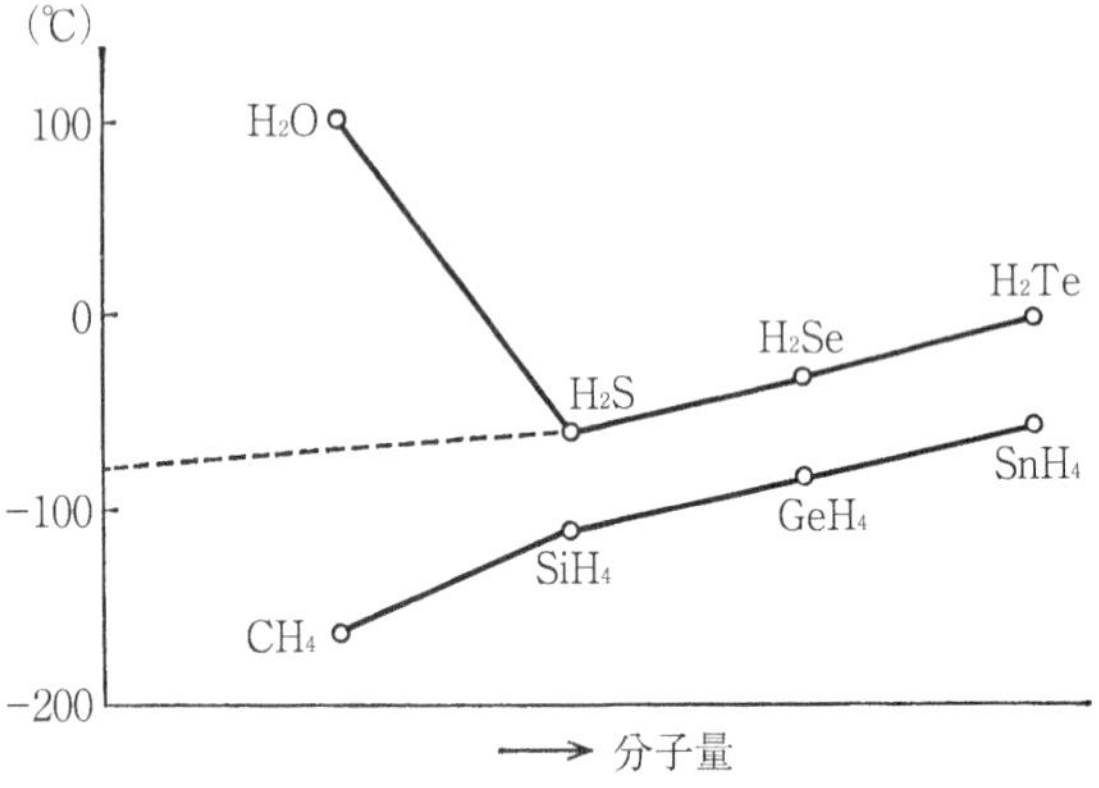

図10　水素化合物の沸点

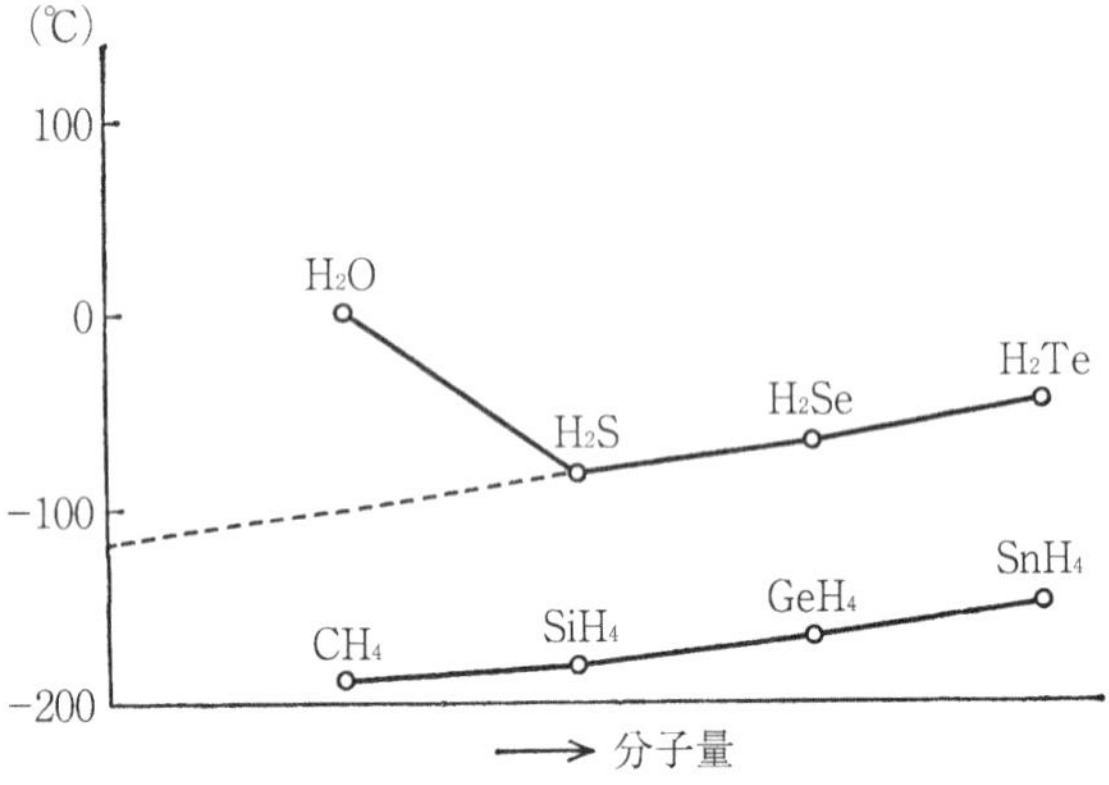

図11　水素化合物の融点

が、物質の性質を比べる時によく用いる基準はメンデレーエフの周期律表である。周期律表で同じ族に属する元素は似た性質をもっている。水は酸素と水素の化合物であるから、酸素と同じ族のイオウ（S）、セレン（Se）、テルル（Te）の水素化合物の性質と比べてみよう。図10と11にこれらの化合物の沸点と融点をあげる。また炭素族（炭素C、ケイ素Si、ゲルマニウムGe、スズSn）の水素化合物の例も同時に示してある。

図からわかるように、炭素族では分子量の増加とともに、ほぼ比例して沸点も融点も高くなる。分子量が増すと分子間力も大きくなるので、これは期待される結果である。ところが、酸素族では水だけが例外である。炭素族のようにふるまうならば、水の沸点はマイナス八〇度C、氷の融点はマイナス一一〇度Cのはずである。ところが実際は一〇〇度Cと零度Cで実に大きな違いである。

炭素族の中でゲルマニウムとスズは金属であるにもかかわらず、その水素化合物の沸点はマイナス一〇〇度C前後であるから、常温では気体である。

第一章でのべたように、分子間力の強い液体ほど沸点が高い（同様に分子間力の強い固体ほど融点が高い）。したがって、水は図にあげたいくつかの化合物に比べて分子間力が非常に強いことがわかる。つまり、図10と11のような性質を基準にとると、水は例外的な存在で、けっしてありふれた液体であるとはいえなくなる。

物事の考え方の筋道として、簡単なことから複雑な現象へと進んでいくのが普通である。液体の性質をみる時も同様で、このような考え方を通して、初めて第一章でのべたような気体と液体、固体の違いが明らかになったのである。

このような考え方からすれば、単純液体というものは、球形の原子または分子からなっていて、分子間力としては、ファン・デル・ワールス力と反発力が働いているような液体であるということができる。

このような液体としては、アルゴンやメタンの液体などがある。金属液体もまた球状の原子からなっている単純液体である。こういった液体を、日常の生活ではめったにみることができない。物理化学的基準と日常の生活に基づいた感覚的な基準とはこんなにも違うのである。

◎水分子の構造と作用する力

今、みてきたように、水は他の液体とはだいぶ異なった性質をもつ液体である。この違いはどのような原因によるのか、もう少し詳しく考えてみよう。

水が酸素族の他の水素化合物に比べて沸点が高いのは、水分子の間に働いている分子間力が強いためである。液体から気体に変わる時には、分子の間に作用している力にさからって、分子はばらばらにならなければならない。この時分子をばらばらにするためのエネルギーは熱の形であたえられる。液体の温度が高くなればなるほど分子の熱運動が激しくなり、分子の間に働いている引力をふりきって、液体から飛び出す分子の数が多くなる。逆に分子の間の力が強い液体ほど高い温度にまで熱しないと液体は沸騰しない。

水分子の間に作用している力はどんな力だろうか。そのためにはまず水分子の構造を知らなければならない。水分子の構造を図12に示す。水分子は図12(イ)のように、一個の酸素原子（O）と二個の水素原子（H）が結合してできた化合物で、角HOHは104°5′で、正四面体角109°28′に近い。OHの長さは〇・九六オングストロームである。

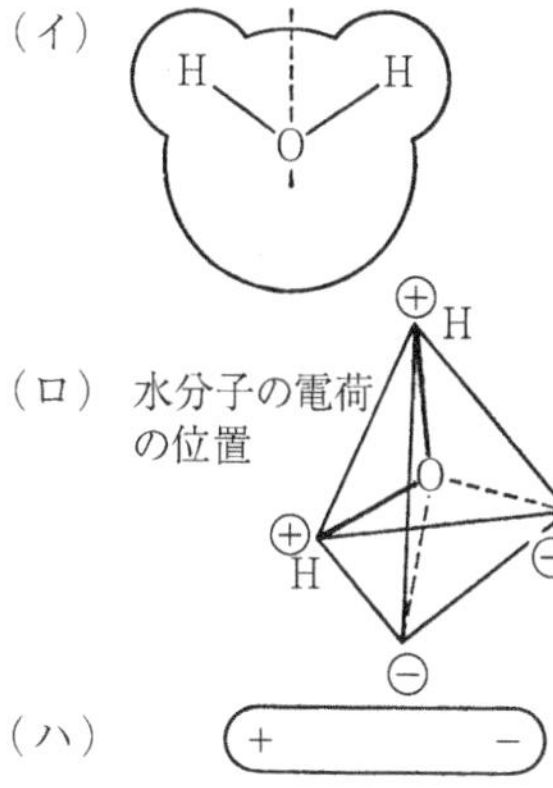

図12　水分子の構造

水分子には四個の電荷がある。すなわち、図12(ロ)に示すように、酸素原子の位置を正四面体の重心にすると、正負四個の電荷は頂点に位置する。次に二個の正電荷をまとめて、角HOHの二等分線上にあるとし、負の電荷についても同じように考えると、水分子を図12(ハ)のように両端に正と負の極をもつ棒磁石に似た形で示すこともできる。

すなわち水分子は双極子能率をもっている。この双極子能率は後でのべるように、イオンと相互作用をする場合に、大切な働きをする。

◈水分子の二重性格

次に水分子同士は、水素結合によって作用しあう。水素結合はたとえばO—H…Oのように、水素原子をはさんで二つの酸素原子が結ばれるような結合である。ここでO—Hは一つの水分子の中には二個のOH（水酸基）があるが（Oは共通）、その中の一つのOHをさしている。そして…Oと書いてあるのはもう一つの水分子のOをさしている。この場合、…Oの酸素は必ずしも水分子の酸素原子である必要はない。アルコールもOHをもっているので、この酸素原子でもよい。

表3に水素結合の例をあげる。表でO—H…Oは水—水間、水—アルコール間、アルコール—アルコール間の水素結合である。アミノ基（$-NH_2$）は水と二通りの水素結合を作ることができる。第四欄のN—H…O＝Cは蛋白質の二次構造（148ページの図36(ロ)）を作る時の水素結合である。

表3では水素結合で結ばれている三つの原子を一直線に並べて表してあるが、これらの原子は必ずしも一直線上にある必要はない。しかし水素結合の強さはこのように一直線に並んだ時にい

表3　水素結合の例

O-H…O	水やアルコール
O-H…N	アミノ酸と水
N-H…O	アミノ酸と水
N-H…O=C	ペプチド基(蛋白質)

ちばん強く、三つの原子のつくる角が九〇度になった時は、水素結合はできないと考えてよい。つまり水素結合は方向性をもっている力である。

一方、ファン・デル・ワールス力は方向性はなく、どの方向でも同じように働き、距離だけによって変わる。つまり離れるにしたがって弱くなる。水素結合もまた距離によって変わるが、その減少の仕方はファン・デル・ワールス力よりもゆっくりである。

こうしてみると、水分子は水素結合と双極子能率による力の二つの力をもっていることになる(もちろん、ファン・デル・ワールス力ももっている)。水の沸点や氷の融点が同族の他の化合物に比べて高いのは、実はこれらの力、特に水素結合によるものなのである。

それでは一つの水分子は全部で何個の水素結合をすることができるであろうか。水素原子が二個あるので少なくとも二つの水素結合をつくることができる。その他に酸素原子も二個の水素結合をすることができる。つまり水分子は水素結合をすることのできる四本の腕をもっている。

ところでこの腕は自由自在に曲がることはできない。四本の腕のうち二本はOHであるから、図12の(ロ)(43ページ)からわかるように、二本の腕は正四面体角をなしている。残りの酸素原子からでている腕も実は同じ角度をな

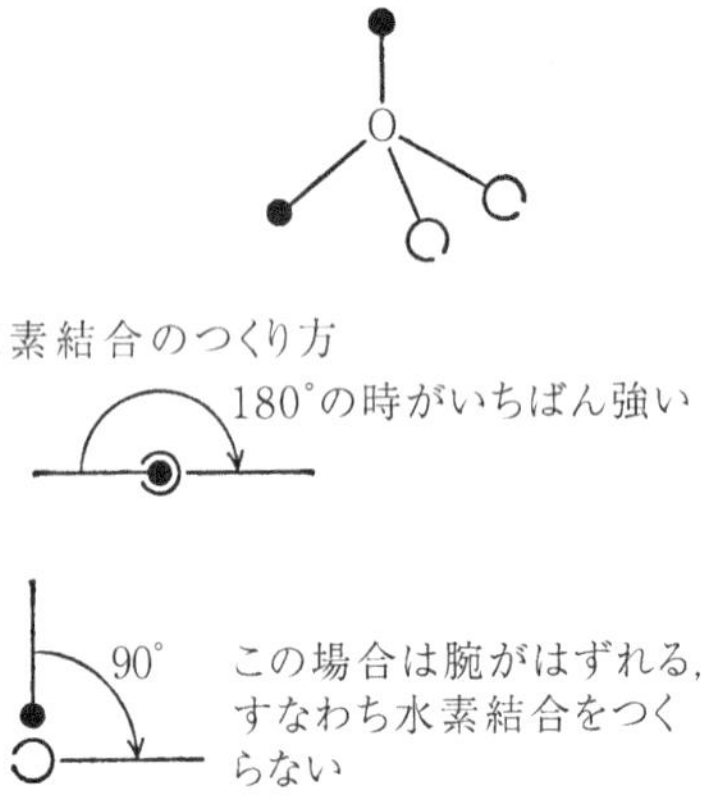
O
水素結合のつくり方
180°の時がいちばん強い
90°
この場合は腕がはずれる,
すなわち水素結合をつく
らない

図13　水分子の４本の腕

している。すなわち、図12の(ロ)をみて想像できるように、四本の腕はOからお互いに正四面体の頂点の方向にのびている。

このうち、Hのついている腕とOから直接でている腕とは性質が少し異なる。つまり、Hのついている腕はOとかNと結びつくことができるが、Hとはできない。一方、Oから直接でている二本の腕はHとだけ結合することができる。

このようにして、水分子は磁石のようにもふるまうし、四本の腕で他の分子または水分子と結合することもできるという二重性格をもっている。

水分子に接する分子やイオンの種類によって、どちらかの力が主となる。つまり比喩的にいえば、数十億年の昔に水分子がつくられた時この二重性格が生まれ、水分子のおかれた環境によって、どのようにふるまったらよいかを記憶してきたのである。水分子の環境に対する適応性、その他のいろいろな情報は水分子のこの正四面体構造の中に秘められている。

水分子の四本の腕をわかりやすいように図示すると図13のように表すことができる。●―の腕は⊃―の腕の輪の中にはまって結合することができるが、⊃―同士または●―同士は結合することができない。表3（45ページ）の例からわかるように、●―または⊃―のような腕をもった分子は水分子以外にもたくさんある。こういう分子は、この●―と⊃―の腕で結びつくことができるのである。

　水分子とかアルコール分子などはその代表的なものである。水とかアルコール内では分子が水素結合によって結ばれている。こういう液体を会合液体と呼んでいる。

◈水の性質

　水について古代中国人は次のようにのべている。

「水源から湧き出る水が昼も夜もやすまず、川筋にしたがって流れ少しもとぎれない……汚れたものを入れても、きれいに洗い落として出し、……誰にでもたやすく手に入れることができ、品物にもうそいつわりがなく、万物がこれを得て生長し、これがなくなれば死滅する。天地のあいだを循環して国家の活動を成り立たせている」（飯倉照平訳、説苑《ぜいえん》）

　品物にもうそいつわりがないということは、具体的にはどのような内容なのかはっきりしないが、水の性質は場所によっても変わらないという意味なのかもしれない。観察が具体的で興味深い。

さて水は液体としては変わった性質をもっているということを沸点や融点を例にしてのべた。水と生命という観点から、もっと他の性質もみる必要がある。

◎さめにくい液体

銅や鉄などの金属は熱するとすぐ熱くなるが、石ころやセメントの塊はそれほど熱くならない。このように物質によって熱くなりやすさが異なる。この熱くなりやすさの程度を表すために、比熱という量を用いる。

比熱の単位として、一グラムの純水の温度を一四・五度Cから一五・五度Cまで一度C上げるのに必要な熱量を用い、この熱量を一度Cあたり一カロリーという単位で表す。たいていの液体は〇・五カロリー／度くらいであり、金属は〇・一かまたはそれよりももっと小さい。

したがって、水は非常に比熱の大きな液体であり、比熱の定義からわかるように、その中に、他の物質に比べたくさんの熱を蓄えることができる。つまりお湯はさめにくい。湯たんぽなどはこのさめにくい性質を利用したものである。

海は地球の五分の四をおおっているために、水の比熱が大きいというこの性質の影響は全地球的な規模にまで及んでいる。よく知られているように、気温は海流によって影響をうける。興味ある例として北欧の気候をみてみよう。

アメリカ合衆国南東岸に源を発している北大西洋暖流はイギリスとアイスランドの間をぬけノルウェー西岸を洗っている。北緯六五度以南のノルウェー西岸とユトランド半島西部では一月の平均気温は零度C以上であり、これに対し、緯度にして一五～二〇度も南に位置している札幌の平均気温は零下五・九度Cで、北欧の方がはるかに暖かいのである（世界の文化地理・北ヨーロッパ）。

これは暖流の運んでくる莫大な熱量のおかげである。フランクスは暖流の運ぶ熱量について次のような見積りをしている。

幅一〇〇マイル、深さ〇・二五マイルの水が時速一マイルで流れると、毎時二五立方マイル（毎秒二八五〇万トン）の水が移動することになる。今、二〇度Cだけ温度の低い地域にこの水が流れていったとすると、この時運ぶ熱量は、一億七五〇〇万トンの石炭を燃やしてえられる熱量に対応する。この熱量は一年間に世界の炭坑から掘り出される石炭をもってしても、一二時間しか補給できないのである。

一方、日本を取り巻いて流れている黒潮について同じような見積りをすると、黒潮が毎秒運ぶ水の量は六九〇〇万トンであり、熱量は毎秒一兆二〇〇〇億キロカロリーである。これは石油を毎秒一二万キログラム燃やす時にえられる熱量であるという。

ここで水温と生物の関係についてちょっとふれておこう。両生類は水の中に卵を産むが、その時期は決まっている。もし水温が一〜二度高かったり低かったりすると、奇形が生まれるなどの障害が起こる。ところが水の熱容量が大きいので、温度変化が起こりにくい。一方昆虫の卵は温度変化に強い。なぜそうなのかについては後でふれることにする。

◎水は蒸発しにくい

図10（40ページ）に示したように、水の沸点は他の液体に比べ異常に高い。これは前にのべたように水分子間の力（水素結合）が強いためである。それで水を蒸発させるためには、この強い分子間力を断ち切るだけの熱をあたえてやらなければならない。あるいは、逆に一定温度で水が蒸発する場合には、多くの熱を奪う。

たとえば、注射する時に、アルコールをひたした脱脂綿で腕をふかれると冷たい感じがする。これはアルコールが蒸発する時に、腕から熱を奪うためである。

人間の体温はいろいろの作用で一定に保たれているが、その中で最も大事なのは皮膚の表面からの汗の蒸発によるものである。もし汗腺がふさがれると体温が異常に上がって死んでしまう。体の表面の三分の一以上を火傷すると死ぬ原因の一つは、この体温調節の機能が失われるためである。

カエルは変温動物であるが、トノサマガエルなどを、空気が乾燥している時や風の強い時に、陸上におくと体温が気温よりもかなり低くなる。これは体の表面から水が蒸発し、それで多くの熱が奪われるためである。

素焼きの壺に水を入れて蓋《ふた》をし、風通しのよい場所におくと、滲《し》み出た水が蒸発するので、壺の中の水の温度が下がって冷たい水が得られる。西南アジアの乾燥地帯では、素焼きの壺は大切な必需品である。この地方の住民はこのようにして冷たい水をつくる。

『江戸参府旅行日記』を書いたケンペルは、一六八七年一一月二五日、ペルシアのガムロンから兄にあてた手紙に、興味深い観察を書いている。「ここの耐え難い熱風は、湿気を含んでいませんので、水やその他のあらゆる液体の温度を下げ、ほとんど飲むこともできなくなります。……」（斎藤信訳注、江戸参府旅行日記）

後でまたとりあげることになるが、凍結乾燥という方法がある。たとえば高野どうふは、寒中にとうふを凍らせ、乾燥させてつくる。この時、とうふの中の氷は液体の水を経ないで直接水蒸気となる。これを気化という。気化の時も多量の熱を奪うので、氷がとけるということがない。雪国でよくつくる乾餅も同じである。氷がとけて水になり、それから乾燥すると、固くて、さくさくせず、そのままでは食べられない。それで乾餅は最も寒い時期につくる。

水が気体になる時に、多量の熱を奪うというこの現象を利用した生活の知恵は、一体いつ頃どのようにして見出されたものだろうか。水の文化史という点からも大変に興味のあることである。

◈水は縮む

ピンポンの球を箱に詰めてみよう。その様子を図14に示す。できるだけすきまがないように重ねると、下図のようにどのピンポン球もまわりに一二個の球が接しているような配列になる。

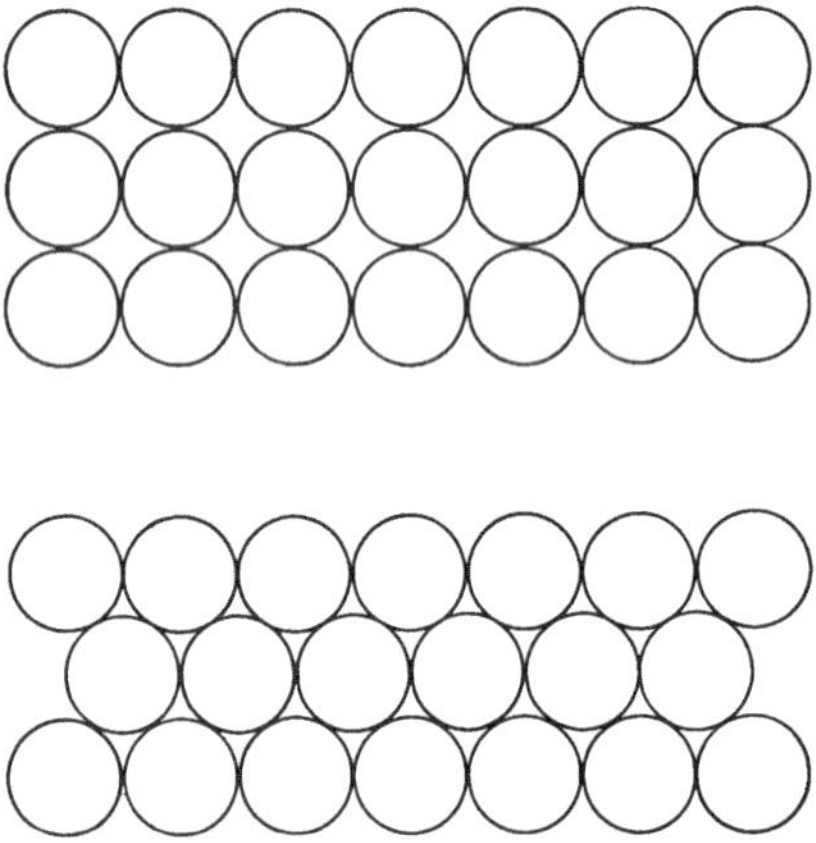

図14　ピンポン球の詰め方

たとえばアルゴンとか水銀の原子は球形なので、液体の状態では、どの原子もまわりに一二個の原子が接しているような配列の仕方になっている。もっと正確にいうならば、原子は激しい熱運動をしているので、任意にえらんだ原子のまわりには、一二個より少しすくなく一〇個くらいの分子がある（一二個の球が接している状態を最密充塡《じゅうてん》という）。

すでにのべたように、水分子は一個の酸素原子と二個の水素原子からなっているが、水素原子は非常に小さいので、水分子をほぼ球に近いと考えてよい。だから水分子をできるだけすきまがないように詰めるとやはり一二個の水分子に接するように配列するはずである。

ところが、X線でしらべてみると、せいぜい四・五個くらいの水分子が中心の水分子に接しているにすぎない。この水の構造については、後でのべるので、ここでは一二個と四・五個の違いだけに注目しよう。実際に、一二個配列できるのに、四・五個しかないということは、水をすきまの多い液体であるとみなしてよいだろう。

気体は第一章で詳しくのべたように、液体や固体に比べ、同じ体積（たとえば一リットル）中の分子数はけた違いに少ない。つまり分子と分子の間はすきまだらけである。もっとも気体の場合には、何もない空間の割合がはるかに大きいのですきまという表現は適当でないかもしれない。自転車のチューブに空気を入れたことのある人は誰でも、空気は縮みやすいということを感覚的に知っているに違いない。これから考えるとすきまの多い液体は縮みやすいといってよいだろう。

いくつかの液体の縮みやすさ（圧縮率）を比べると、表4のようになる。圧縮率の大きい液体ほど縮みやすい。表4からわかるように、水はグリセリンや水銀より縮みやすいがエタノールよりも縮みにくい。水銀と水を比べると水銀の方がすきまが少ない。

表4　液体の圧縮率（圧縮率の値の大きい液体ほど縮みやすい）

液体	圧縮率（$cm^2/dyne$）
水　　銀	3.8×10^{-12}
グリセリン	21.7×10^{-12}
水	45.9×10^{-12}
エタノール	114×10^{-12}

水一ccの重さは約一グラムである。今、底面積一平方センチメートル、高さ一〇メートルの水柱を考えると、この水柱の底にちょうど一キログラムの重さがかかっている勘定になる。つまり海で一〇メートルもぐると、約一キログラムの重さで押しつけられる。一万メートルの海底は一〇〇〇キログラム、すなわち一トンの力で押されていることになる。

液体や固体は押しつけると縮むということを日常生活で実感としてもつことは、あまりないが(ゴムなどの例を除いて)、このような大きな力をうけると水も縮むのである。

先にもふれたフランクスの見積りによると、もし水がまったく縮まないような液体であったとすると、海面は現在より、四〇メートルも高くなり、地球上の全陸地の五パーセントは海中に没してしまうということである。

その他、水の特に注目すべき性質として、水は四度Cで密度が最大になる、表面張力が非常に大きいということがあげられる。また水は、おそらく最も多くの種類の物質(ガラスや金属でさえも)を溶かす液体である。この溶解性については、古代中国の人々も指摘したことであった。これらの性質については、後でまたふれることになるだろう。

◎一八種類の水

これまで、水を表すのにH_2Oという分子式を用いてきた。これは原子の質量数一の水素原子

（H）と、質量数一六の酸素原子（O）が化合してできた水をさしている。

ところが、水はこのH_2Oばかりでなく、他にもいろいろな水が存在する。一九三二年に、アメリカのユーリーが純粋な水が普通の水素と酸素以外に、Hの二倍の質量をもった水素を含んでいることを発見した。この水素を重水素と呼び、Dまたは^{2}Hという記号で表す。

その後、水素にはもう一つ三重水素（トリチウム、Tまたは^{3}Hで表す）と呼ばれる同位体があり、酸素にもまた^{16}O、^{17}O、^{18}Oの三種類の同位体が存在することがわかった。これらの同位体を組み合わせると、ちょうど一八種類の水が存在することになる。私達が日常飲んだり使用している水は、これらのいろいろな水の混合物である。

それでは、これらの水はどんな割合で混ざっているのだろうか。わかっているのは、水素や酸素の同位体の割合で、$^{2}H:{}^{1}H=1:69000$、$^{17}O:{}^{18}O:{}^{16}O=1:5:2500$である。この割合は、どんな場所の水をとっても変わらない。この事実は、地球上に水という化合物ができた時から非常に長い年月が経っていて、その間に、地球上の水の循環が数えきれないほど多く繰り返されていることを物語っている。

水素の同位体のうち、トリチウム^{3}Hは放射性で、一二・三年の半減期をもっている。この水素は宇宙線による核反応などにより大気上層でつくられるので、雨や雪の中に含まれている。天然水を容器に入れて外気にふれないようにしておくと、十分長い年月の後にはこの天然水にトリチウムがなくなってしまう。それでこのトリチウムの濃度からぶどう酒などの年代を決めることができる。こんなわけで、トリチウムを分子時計として用いることができる。

一九七六年八月二三日の読売新聞に分子温度計の記事がのっていた。それによると、貝は海水中の水、酸素、炭酸イオンなどを取り込み、複雑な代謝経路で炭酸カルシウムの殻をつくる。この時、水温が高いほど炭酸カルシウムに取り込まれる^{18}Oの比率が減り、^{16}Oの比率が高まる。それで貝殻中の^{18}Oと^{16}Oの存在比から、その貝殻がつくられた時の水温を知ることができる。この方法は重水素を発見したユーリーが見出した。この方法を用いて縄文時代の日本列島の各地の海水温度を調べる研究が始まっている。

ここで、重水D_2Oの性質についてふれておこう。この重水の沸点は一〇一・四度C、氷点は三・八度CでいずれもH_2Oのそれよりも高い。D_2Oは原子炉内の減速材として多量に用いられている。

後でもっと詳しくのべるがD_2Oの生理作用は非常に興味がある。ネズミなどの高等動物は、重水濃度一〇パーセント程度の水を飲むと死んでしまう。もっと下等な生物、たとえばウニの受精した卵を重水濃度七〇パーセントの海水に入れると、とたんに成長がとまってしまうが死ぬようなことはない。この卵を普通の海水に入れると、再び成長を始める。一般に、濃度の違いにもよるが、重水は生物にとって有害である。

同じ水であっても、水素原子の質量が二倍になっただけでなぜこんなにも性質が違うのだろう。つまりH_2Oがなければ生物は生きていくことができない。一方重水の中では生物は死滅してしまうのである。重水はいわゆる毒物ではない。この違いもまた水のもっている性質によるものである。この答えは後章であたえられるであろう。ただ、ここでは普通の水（H_2Oで表される水を軽水とも呼ぶ）と重水の沸点と氷点の比較から、重水の方が分子間力が強いということを指摘しておく。

◈純水とはなにか

純粋な物質の性質、たとえば沸点や融点、あるいは密度などは物理学や物理化学などの研究における基準として大変重要な量である。したがって、できるだけ純粋な物質をつくって、その物質のいろいろな性質をできるだけ精密に測定することは、地味な仕事であるが非常に大切である。

さて、現在二五度Cの純水の密度の値として実測されているのは〇・九九七〇七という値である。ところが、海水などの性質をもっと詳しく研究するためには、小数点以下六桁目の数値が必要なことがわかった。

そこで国際海洋学会やユネスコは、純水の密度を小数点以下六桁目まで測定することを勧告した。ところがここで一つの非常に重要な問題に直面することになった。

純水は、普通水道水を蒸留してつくる。ところが、重水は沸点が高いので蒸留してつくった水はわずかではあるが、最初の水よりも重水が少なくなっている。これと同じ理由で、赤道直下の海水は重水濃度が高く、極地に行くほど重水濃度は低くなる。

普通の水にはいろいろなものが溶けているので、一回の蒸留だけではこれらの物質を完全に除くことができない。蒸留を繰り返すと同位体の組成が変わる。密度を六桁目まで求めると、同位体組成のわずかな違いもひびいてくるのである。純水とは何かということが、今、密度測定をやっている研究者の頭を悩ませている。第一章でのべたイオン交換樹脂を使うとか、あるいは濾過法により純水をつくる手段もあるが、蒸留の場合と同じように、イオン交換樹脂またはフィルターを通した前後で水の同位体組成は変わっているかもしれない。この点からまず確かめなければならない。このようにして、精度を一桁上げるためには、それによって派生するさまざまな難問を同時に解決していかなければならないのである。

◎なぜ氷は水に浮かぶのか

今までみてきたように、水は特別な性質をもった液体である。この水の特異性は氷の性質とも密接な関係にある。

ほとんどたいていの物質は、液体から固体に変わる時、体積が減る、つまり密度が大きくなる。ところが、水は凍ると体積がふえる。このように固体になった時に体積のふえる物質は、この他にビスマスなどごく少数しか存在しない。

氷は同じ温度の水よりも密度が小さいので水に浮かぶ。もし氷が水よりも重かったとしたら、地球は氷でおおわれ、生物は死滅していたに違いない。

水の密度は四度Cで最大の値をとる（この温度を最大密度温度という）。したがって、深海では海面に起こっている波の影響もなく、四度Cに近い一定の温度に保たれている（海水には塩をはじめとして、実に多くの物質が溶けているので、最大密度温度は四度Cよりも低い）。温度が低く一定という環境は深海に棲む生物の生態に大きな影響をあたえているに違いない。

それではなぜ氷は水に浮かぶのだろうか。その答えは氷の結晶構造からえられる。氷の結晶構造はX線解析によって知ることができる。図15は氷Iの結晶構造である。

各水分子は正四面体の頂点に位置している四個の水分子で囲まれており、結晶を上からみた時には、水分子は六角形の形に並んでいる。この正四面体の配列は水分子の構造（43ページの図12）に由来している。

図からわかるように、氷の結晶には多くのすきまがある。先にのべたように、球をできるだけすきまがないように詰めると、一二個の球で囲まれるのに、氷では最近接分子数は四である。こ

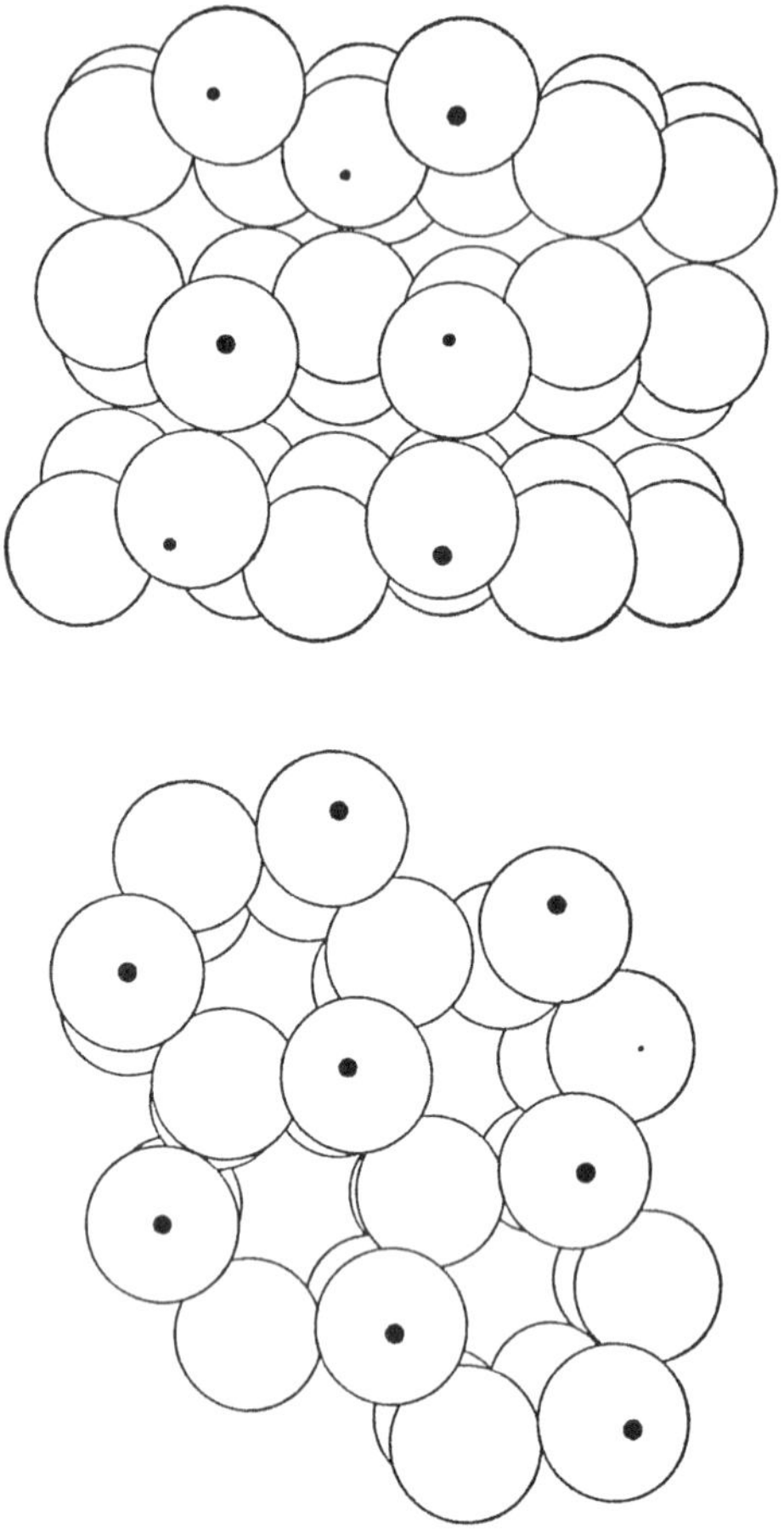

図15　氷Ⅰの結晶構造

のようにして、氷はすきまの多い構造をもっていることが理解されるであろう。

第一章でのべたように、分子の熱運動は液体の方がはるかに激しいので、氷がとけて水になると氷の結晶構造がくずれる。たとえば、お互いに正四面体の方向に接するように並べたピンポン球の入っている箱をゆさぶると（図15の球をこのように並べたピンポン球と考えてよい）、くずれて、すきまの一部をはずれたピンポン球が埋めてしまう。液体の水でも同じことが起こる。

さて密度は、一定体積中の分子数に比例するので、以上の考察からわかるように、氷の方が水よりも密度が小さい。したがって氷は水に浮かぶ。

氷の密度が小さいのは空孔の割合が水に比べて多いためである。それならもしこの空孔の割合が水よりも少ないような氷をつくることができれば、その氷の密度は水よりも大きくなるはずである。空隙を少なくするにはどうしたらよいだろうか。それには容易に考えられるように、力を加えてぎゅうぎゅうに押しつければよいだろう。実際に氷Ⅰに圧力を加えると空孔の少ない氷をつくることができる。二〇〇六年までに知られている氷にはⅠからⅩⅣまであって、その中で密度がいちばん大きいのは氷Ⅷである。その値は零下五〇度C、約二万五〇〇〇気圧の下で一・六六グラム／立方センチメートルである。

氷の結晶のX線解析でわかるのは実は酸素原子の位置だけで、水素原子の位置はわからない。水素原子の位置は中性子散乱法で知ることができる。この結果、氷の結晶は水分子がお互いに水素結合で結ばれてできていることが明らかになったのである。

◎激しく運動している氷の結晶

ところで、氷の結晶中の水分子は静止しているのであろうか。いろんな方法で確かめたところによると、氷の中でも水分子は激しく運動しているが、水の中よりは遅い。ほぼ一〇万分の一秒ぐらいの割合で回転したり（この回転運動については20ページの図3参照）、結晶の中をさまよっている。そのため、図15（60ページ）のように氷の結晶全体にわたって、水分子がきちんと正四面体状に並んでいるのではなく、ところどころの格子点が空になっている。これを格子欠陥と呼んでいる。

氷の格子点にある水分子は振動や回転運動を行なっているが、格子欠陥が側にあると、その中に隣の水分子が落ち込む。氷の中の水分子の移動はこのような方式で起こる。

氷の結晶構造では、酸素原子の位置と二つの水素原子がどの方向にあるかもわかっている。つまり、この二つの因子によって氷の構造を決めることができる。水の構造の場合にも、同じように酸素原子の位置と水素原子の向きが問題になる。しかし、液体の水では水分子は氷の中の水分子よりも一〇〇万倍も激しく運動しているので、時間の因子も考える必要がある。第三章以下で水の構造にふれる時には、いつもこれらのことを念頭においているのである。

ここで、熱量と温度との区別を明らかにする根拠となった潜熱についてふれておこう。純水をきれいな容器に入れ、ゆっくり冷やすと零下三〇度Cくらいでも凍らない（この状態を過冷却という）。この容器にちょっとした機械的刺激をあたえると、ほとんど瞬間的に氷になり、温度は零度Cに上昇する。ファーレンハイトは一七二八年にこの現象を発見した。この時、温度が上昇するのは、液体から固体に変わる際に放出する潜熱のためである。これらの実験に基づいて、一七六〇年代にブラックは温度と熱量の区別を明瞭にした。これによって熱力学の第一歩が始まったのである（荒川泓、前掲書）。

先に、水は液体の代表ではないとのべたが、この概念は液体論が発展してから生まれたもので、比較的最近の考え方である。一八世紀には、水は言葉の真の意味において代表的な液体であった。水が気体、液体、固体の三つの状態変化をすることは日常にみられる現象であった。したがって物質の状態変化を記述する熱力学の第一歩が水によってなされたのはまさに歴史的必然であったといえる。

◈ガラス状の水

ガラスの中の分子の配列をみると、結晶と異なって分子は規則正しく並んでおらず、でたらめに並んでいる。そこで一般に分子がでたらめに並んでいて、その配列に規則性をもっていない固体の状態をガラス状態と呼んでいる。水もガラス状態をつくることが最近明らかになった。ガラス状態の水は超低温の中へ水蒸気をふきつけるとできる。確かにガラス状態の水であるという証明はなかなか難しい。この状態は不安定で温度を上げると氷の結晶になる。

ガラス状の水のX線解析をとってみると、その中の分子の配列は液体の水に大変よく似ていることがわかった。

今のべたガラス状の水は、厳密な意味でのガラス状態にある水である。その他に定義があいまいで人によって異なる意味で用いられているガラス状態の水もある。後でもう一度取り上げるが、細胞などを急激に冷やすと細胞内外に非常に細かい氷の微結晶ができる。これを低温生物学の研究者はガラス状の水と呼ぶことがある。この氷の微結晶が本当にガラス状態にあるのかということは、まだわかっていない。

◎水の構造

水の構造もまた氷の場合と同様にX線解析によって知ることができる。その結果によると、最近接分子数は、氷では四であるのに、水の場合には四・五である。それから最近接分子間距離は二・九オングストロームで、これから水分子の半径として一・四オングストロームの値がえられる。ここで最近接分子数というのは(この概念についてはすでに最密充塡のところでふれたが)、ある任意に選んだ水分子に直接接している水分子の数をさす。次に氷がとけて水になると、密度が約一〇パーセント増す。これらの結果に基づいて水の中の水分子の配列についていろいろなモデル（これらのモデルも含めて水の構造という）が提案されている。現在でもほとんど毎年のように新しい水の構造の理論が発表されている。その中で、それ以後の水の構造の理論の出発点となったのは、バナールとファウラーのモデルである。このモデルについての興味深いエピソードを、イリヤ・エレンブルグが書いている。

「あるとき彼（バナール）は自分のなした発見が、どのようにして頭にひらめいたか、私に話してくれた。それは三〇年代のことであった。英国学術研究者代表団がモスクワにやってきた。彼らは、中央飛行場から飛びたつはずであった。出発は天候のためにおくれた。雨が降っていたのだ。乗客の待合室はなかった。バナールは軒下に立っていたが、ここで水の構造についての考えが頭にひらめいたのだった。彼はこのことを同行の物理学者R・ファウラーに打明けた。機上で彼らは、これを友人の同僚たちに話した。同僚たちは話をきき、バナールに言った——『着いたらすぐさまそれを書きとめておきなさい……』」（イリヤ・エレンブルグ、木村浩訳、わが回想——人間・歳月・生活）。

バナールとファウラーの水の構造に関する論文は（一九三三年に発表された）、水の構造の本格的な研究の始まりを告げる暁の鐘の音であった。しかし、鳴るのがあまりにも早すぎたので、その鐘の音は広野の彼方にむなしく消え去ってしまった。水の構造の研究が再び始まったのは、第二次世界大戦後のことである。

現在考えられている水の構造は、大体次のようなものである。

氷がとけて水になると、水分子の熱運動は一〇〇万倍ほど激しくなる。それで氷の結晶状態では、結晶の格子点にとどまって振動していた水分子は、その格子点を飛び出して、他の位置へ移動する（31ページの図8参照）。

氷の結晶はすきまだらけであるから、飛び出した水分子は、隣の格子点にある水分子を押しのけてそこに移るよりも、もともと位置していた格子点の側の孔の中に落ち込む方がエネルギー的に容易である。

水分子の間に働いている水素結合は強く、かつ方向性をもっているので（46ページの図13）、液体状態では、その影響から完全に抜け出ることができない。このようにしてあまり高くない温度（六〇度C以下）での水の構造は、氷の正四面体配列をしている結晶構造（トリジマイト型）が熱運動のために少しこわれて、一部の空孔が格子点から飛び出した水分子によって占められているような構造であるということができる。

水では氷の結晶の空孔の一部分が埋められているので、平均して最近接分子数は少し増えて四・五になっている。そして、水の密度が氷よりも大きい、すなわち氷になると体積が増えることも理解される。それから最近接数がわずか〇・五しか増していないことから、氷Ｉに似た配列が大部分保存されていると考えることができる（もしそうでなければ、簡単な液体のように、最近接分子数は一〇〜一二になっているはずである）。

氷ではすべての水分子は水素結合によって結ばれているが、水では空孔に落ち込んだ水分子は水素結合をしていないと考える（水でもすべての水分子が水素結合で結ばれていると考えるモデルもあるが、本書ではこの立場をとらない）。したがって、この水分子は格子点にあって、水素結合している水分子よりも、熱運動はもっと活発で、そのためこの水分子は、そのまわりの水分子の配列をかき乱す。

◎水の構造の平均寿命

今、説明したように、水の構造の中には氷Ｉの構造が残っているが、時間の因子についてはまったくふれなかった。ここで、構造の平均寿命という概念についてふれなければならない（以下に、この本でのべるいろいろの現象や水分子のふるまいはいつもこの概念を基礎としている）。

水のＸ線解析からえられる水の構造についての知識、たとえば、最近接分子数が四・五という結果は、実は十分長い時間にわたって観測されたものの平均値である。実際に、〇・五個の水分子という表現は物理的に意味がない。

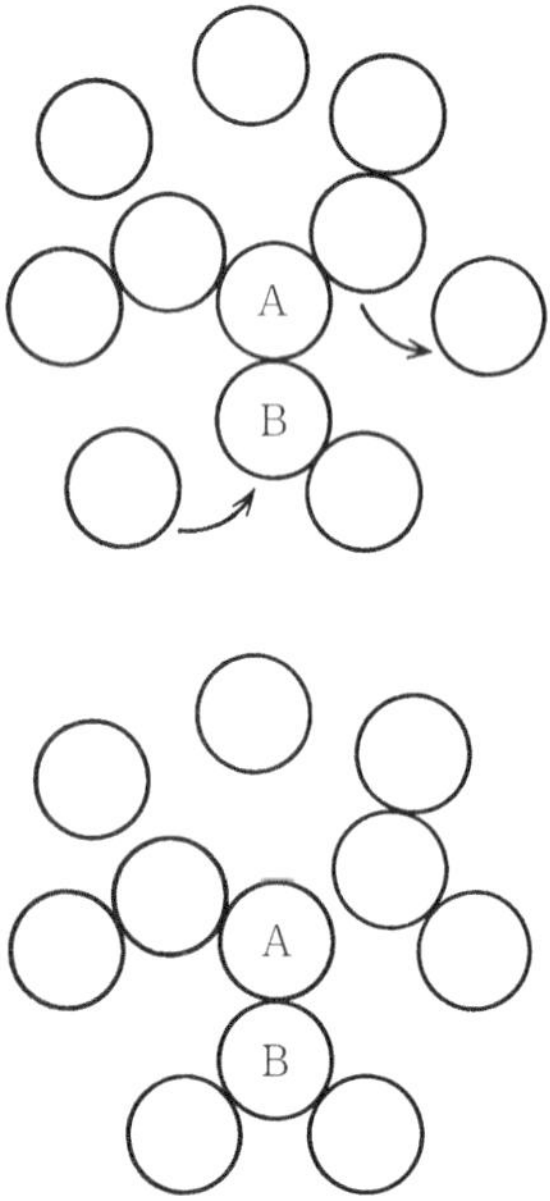

図16　水分子の配列の変化（平面的に描いてあるので最近接数は３個にしてある）

いろいろな測定によって水分子の熱運動がきわめて激しいものであることがわかった。それである瞬間に格子点を占めていた水分子は、次の瞬間には側の空孔に落ち込み、もとの格子点は空孔になる。この瞬間の動いた水分子に接している水分子のまわりの配位数は三または五になる。その次の瞬間には、空席になった格子点に他の水分子が入ってくるというように、連鎖的な水分子の運動が起こる。ミクロな眼でみると、水の構造はたえず変化しており、流動常なき状態にある。そしてある瞬間の水の構造が保たれているのは10^{-12}秒程度の非常に短い時間であることがわかったのである。

この構造は容器に入れた水全体にわたって一様に広がっているのではなく、ある一つの水分子に注目してみると、この水分子を中心にしてせいぜい八オングストロームの半径の球内にあるにすぎない。こういう構造がお互いに重なりあって共存している。いわば三次元のモザイク構造のようなものである。そして、10^{-12}秒たつとその間保持されていた水の構造が消え、また同様の構造が生まれる。この時には、前に中心となっていたA分子とは別のB分子が中心となって、そのまわりに構造が発生する。その様子を図16に示す。

このような水のダイナミックな構造は、水が静止していても、流れている状態でも本質的に変わらず、水素結合がたえず切れたり新たにできたりしながら、構造の生成消滅を繰り返している。

水の性質はこのような構造がはっきりとわかれば、その原因を説明することができる。

◎クラスター説は間違い

一九九〇年にミネラル水などのいろいろな水——種々の微量成分が溶けた水溶液——が健康に良く、おいしいのは水のクラスターが小さいためであるという考えが提案された。この考えは、水のO‐17NMRスペクトルの半値幅の値が水によって異なるという測定結果に基づいている。

クラスターは一般には木の実の房とか集団を意味するが、科学の分野でも数個以上の分子の集合を表す学術用語として使われている。

法政大学の大河内正一らは、精製水や市販の二二種のミネラル水のO‐17とH‐2核NMR研究

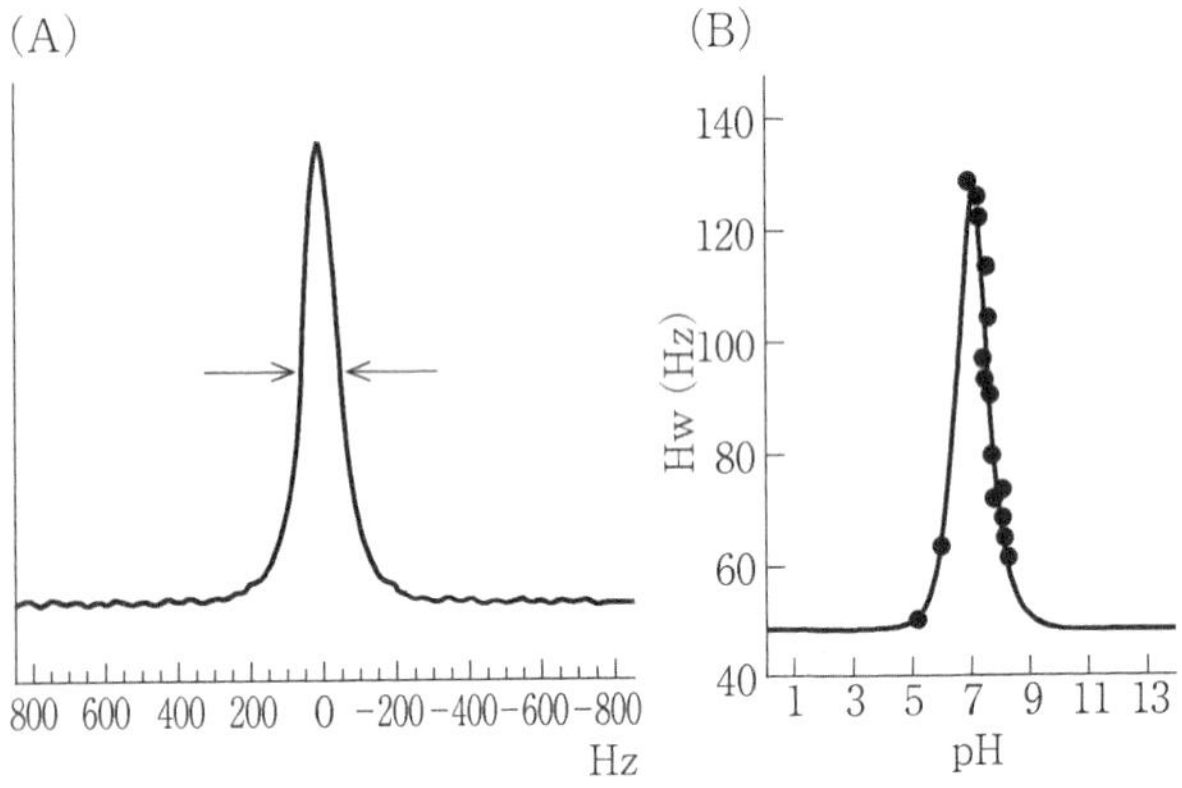

(A) 精製水のO-17 NMRスペクトルの半値幅
横軸は周波数(Hz)
スペクトル線のピークの1/2高さにおける幅(図で矢印で示してある)を半値幅という。図では半値幅は130Hzである。

(B) 精製水とミネラル水の半値幅とpHの関係
縦軸は半値幅，横軸は水溶液のpH，●は測定値，実線は理論曲線。
AとBの曲線の形は似ているがその意味は違うことに注意。例えば，図BのpH5のミネラル水の半値幅は，図から約50Hzであることがわかる。したがって，このミネラル水のO-17 NMRスペクトル線は図Aの曲線(精製水)よりも幅の狭いもっと鋭いピークをもつ曲線になる。

図17　O-17NMRスペクトルの半値幅

(大河内ら，水環境学会誌，**16**，409，Fig. 2，Fig. 5 (1993))

を行なった。ミネラル水のpHは五・九〜八・三の範囲であった。詳しい解析から次のことが明らかになった。

1. ミネラル水の溶解成分は微量なため、緩和時間は精製水のそれと同じであった。これは水の動的状態が精製水と同じであることを意味する。

2. ミネラル水のO-17NMRスペクトルの半値幅は精製水のそれよりも小さい（図17B参照）。半値幅は水分子のプロトン交換時間（τ_{ex}）に対応するので、精製水のτ_{ex}が最も長く、ミネラル水のτ_{ex}はそれぞれのpHに応じて短くなっている。

以上のことからクラスター説はプロトン交換時間の長短がクラスターの大小を表すと誤解したものであることがわかる（72ページの注参照）。

図16で説明したように、水の構造は三次元のモザイクのようなもので、その寿命は10^{-12}秒に過ぎない。そして次の瞬間に別のモザイク構造になる。この水の構造は入り組んで重なり合っていて、二つの集団に分かれているのではない。

大きさの異なる水のクラスターが共存するというような状態は観測されていない。

クラスター説は一般の人にはわかりやすいので、いつの間にかクラスター水となって独り歩きし、水関連の商品の宣伝に広く用いられている。

クラスター水は単なる言葉の置き換えで、水の効用の理由を説明していない。水の性質はまず第一に溶けている成分の種類とそれらの濃度によって決まる。
クラスター水は科学的な概観を装って消費者をごまかしている疑似科学の一部である（池内了、疑似科学入門）。

71ページの注
緩和時間は水分子の回転運動の速さを表す。プロトン交換時間は次のような意味である。
水分子は化学的に安定な分子ではなく、次のように解離している。

$$H_2O + H_2O \longrightarrow H_3O^+ - OH^-$$

そして、H_3O^+とOH^-イオンに接している水分子との間に次の反応が起こっている。

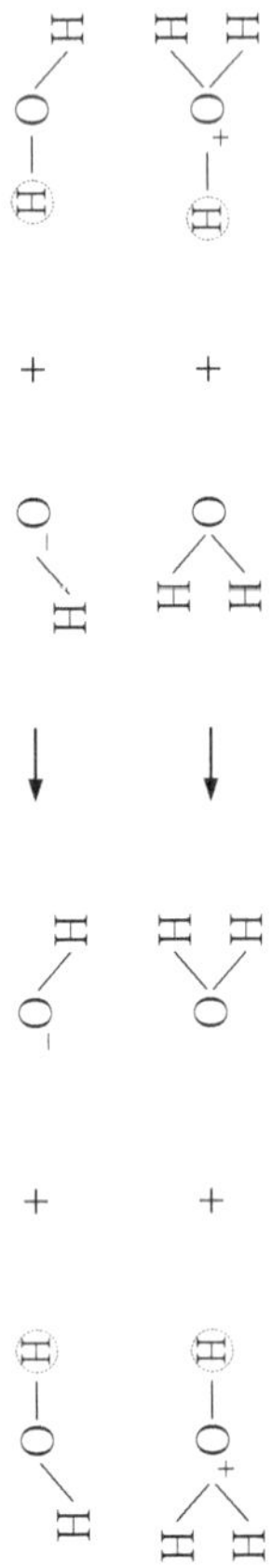

これらの反応式からわかるように、H_3O^+から一個のプロトンⒽが隣の水分子に移り、この水分子がH_3O^+になる。一方、H_2OとOH^-イオン対では、H_2Oから一個のプロトンⒽがOH^-

イオンに移って、H_2OはOH$^-$イオンに、OH$^-$はH_2O分子になる。これらの反応をプロトン交換という。プロトン交換時間は水溶液中の水素イオン濃度、すなわちpHによって変わる。プロトン交換時間はpH７で最も長く二五度Ｃで一・四ミリ秒である。そして酸性側でもアルカリ性側でもこの時間はもっと短くなる。

プロトン交換の速さは交換時間の逆数である。したがって、希薄水溶液中のプロトン交換速度はpH７で最も遅く、酸性側やアルカリ性側で速くなる（70ページの図17Ⓑ）。

第三章　水溶液の構造

水分子の間には、水素結合の他に双極子の力も働く。水の中に異種分子が溶けこむと、相手によってこれらの力を使い分ける情報が水分子の中に秘められている。したがって水分子の環境の変化に対する適応能力は実に大きい。

一方、水分子の熱運動をみると、相手分子（またはイオン）によって運動は速くもなれば遅くもなる。これは水分子と他の分子（またはイオン）の間に働く分子間力が距離の増加とともに小さくなるためである。力のこの性質のために、常識に反して大きなイオンの方が小さなイオンよりも速く動くという結果が起こる。水分子の運動は大きなイオンの側にある方が激しくなる。

水はすきまの多い構造をもっているので、異種分子が水に溶ける方式として、すきまに入る空家型と水分子を追い出してその後に坐りこむ置換え型とがある。アルコールのような分子はこの二つの方式を同時に使って溶ける。

◎物を溶かす特殊能力

水は物を溶かす能力のきわめて大きな液体である。そしてこの能力はある一つの物質が溶けると他の物質をもっとよく溶かすようになるという特別な能力である。たとえば、空気中には、燃焼その他の原因でたえず二酸化炭素が放出されている。この二酸化炭素が水に溶けると、水は酸性になり、さらに多くの物質を溶かす能力をもつようになる。

水には岩石や金属、ガラスも溶ける。たとえば海水には六〇種以上の元素が溶けている。量は別としても、地球上に存在するほとんどすべての元素（銀、金、白金などの金属やアルゴンなどの希ガス等も含まれる）が溶けている。その他化学工場などから排出されるさまざまな有機化合物も溶けている。

水の物を溶かす能力があまりにも強いために、純水をつくることは大変に労力のいる仕事である。コールラウシュは一八七〇年頃、最も純粋な水をつくるために四二回も真空蒸留を繰り返した。現在では蒸留法を使わなくても純水をつくることができる。第二章でのべたように、純水中にはいろいろあってその組成はつくり方で異なる。

一九六八年から七三年までの約五年間、世界中の水の研究を行なっている科学者をまきこんだいわゆる異常水事件は、水の物を溶かす性質がどんなに強いかということで、人々に衝撃をあたえた。

水の物を溶かす能力は、いろいろな手段で変えることができる。いちばん簡単なのは温度を変えればよい。温度が高くなると、一般に固体や液体はよく溶けるようになるが、これは日常よく経験することである。一方、気体は水の温度が低い方がよく溶ける。

塩析や塩溶と呼ばれる現象を利用して溶解性を変えることもできる。たとえば、生物にとって非常に大切なアミノ酸は純水に比べて、砂糖水に溶けにくく、尿素溶液には溶けやすい。前者が塩析、後者が塩溶である。これらの現象はおそらく原始生命の発生とも非常に密接な関係にあるだろう。

また写真の現像液や定着液をつくったことのある人は経験していると思うが、これらの液をつくるときには、温度の他に薬剤を溶かす順番も大切である。これは水に溶けている物質によって、溶解性がひどく変化する例である。

水にはいろいろな物質が溶けるので、水溶液といってもその性質は実にさまざまである。本章では、主として水分子のふるまいに注目しながら、日常よく利用する水溶液についてのべることにする。

◎蒸留酒と醸造酒

アルコールといえば、たいていの人はただちに酒を思い浮かべるであろう。ところで酒は（エチル）アルコールの水溶液であるが、その種類やつくり方によっていろいろの成分が溶けており、そのためそれぞれの酒に特有の風味がある。

しかし、なんといっても酒の最も大事な成分はアルコールであり、酒びんのレッテルにはアルコールの濃度を度数で示してあるのが普通である。

今、いくつかの酒について、アルコールのパーセントをみると表5のようになる。ぶどう酒とか日本酒のような醸造酒は、ウイスキーなどの蒸留酒に比べて、アルコールのパーセントが低い。それは、アルコール発酵を行なう酵母は、アルコールの濃度が高くなると、発酵作用を失うからである。

表5　各種の酒に含まれるアルコールのパーセント

ぶどう酒	10～15%
日本酒	16～20%
焼酎	30～45%
焼酎（朝鮮の）	27～50%
ウイスキー	43～52%
ブランデー	49%
ウオツカ	50%

第二章でブラックが温度と熱量の違いを明らかにしたことについてのべたが、ここで、ブラックをしてそのような概念に到達させた技術的基盤についてふれておきたい。

「ブラックは、一七五六年グラスゴー大学の医学部教授で化学の講師となり、一七六〇年頃から熱現象の研究を始めた。ブラックは、その師カレンと共に熱に興味をもったが、その第一の要因は一八世紀初期以来のグラスゴーでの産業の急速な発達、特に蒸留業の発達（ウイスキー製造等）である。蒸留業は、液体を蒸気にかえ、再び蒸気を液体にもどすものであり、蒸留工場は冷却用水の大量、安価に得られる場所に建てられ、その意味で潜熱の問題は、蒸留業者には明白な経験的事実であった。その科学的意味を明らかにしたのがブラックであった。産業は問題を出したがそれを解くには大学が必要であった。ブラックは次のように言ったという。『なぜに、この上なく有能で聡明な蒸留業者達が、この概念の科学的な意味に気づかなかったのかが不思議である』」（荒川泓、前掲書）。これは近代科学技術史上の興味ある物語である。

別の観点からすれば、水の代わりにぶどう酒を飲むヨーロッパでは、最もありふれた水溶液といえばぶどう酒やウイスキーなどの酒である。

さて、表5にもどってみると、興味ある事実に気がつく。アルコールのパーセントはたいていの酒は一〇〜五〇パーセントである。もちろん、この他にビール（一〇パーセント以下）のような酒もあるが、とにかく、いろいろな国でそれぞれ独特の仕方でつくられた酒のアルコールのパーセントは、ほとんど一〇〜五〇パーセントの間に入ってしまうのである。

酒はすでに新石器時代の人類も知っていたといわれ、その起源はきわめて古い。醸造酒のアルコール濃度が一〇〜二〇パーセントであるのは、酵母の作用によるものであった。

アルコール水溶液の蒸留によって、アルコール濃度を九五パーセントくらいにまで上げることができる。ところが、各地方、各民族が独立につくった蒸留酒のアルコール濃度が五〇パーセント前後であるのはなぜだろう。

私は酒をあまりたしなまず、そのうまさもよくわからないが、物の本によると、蒸留酒のアルコール濃度は四〇～四五パーセントがよいということである。それから酒の風味にとってきわめて大事なことは、老熟（熟成）ということである。つまり適当な条件の下で酒を保存しておくと、それぞれの酒特有の風味が生まれる。

保存しておくと、なぜ風味が生まれるのかということはまだ完全にはわかっていない。アルコール濃度とか、風味についての謎は、アルコール水溶液の性質をみるとある程度解けるように思われる。

◎アルコール水溶液の性質

アルコールのうち、エタノールと水は任意の割合で混ぜることができる。メタノールも同様に任意の割合で水と混ざるが、この方は人間にとってきわめて有毒である。

たとえば、数パーセントのメタノール水溶液を飲むと失明し、もっと濃いのを飲むと死んでしまう（メタノール三〇ccを飲むと死亡する）。敗戦直後、酒にうえた人達が軍放出の変性アルコール（エタノールに少量のメタノールを加え飲めないようにしたもの）を飲んで、失明したり、死亡したりした事故が続出した。

エタノールの分子式はCH_3CH_2OH、メタノールの分子式はCH_3OHであり、メチレン基（$-CH_2$）が一つ多いだけでこんなにも生理作用が異なる。さらにメチレン基をふやしていくとだんだん水に溶けにくくなる。

エタノールやメタノールが水に溶けやすいのは、アルコール分子中に水酸基（$-OH$）があって、これが水分子と水素結合をつくるためである（45ページの表3参照）。水素結合を生ずると発熱する。ジンなどのきわめて強い酒を口にふくんだ時に、舌が燃えるように感じるのは、ジンの中のアルコールが唾液の中の水と水素結合をつくる時に発熱するためである。

◈「5cc＋10cc＝14.6cc」!?

エタノール水溶液の性質として、まず初めに、水とエタノールを混ぜた時の体積をみてみることにしよう。たとえば、同じ温度の水一〇ccに水五ccを加えると、加えた後の体積はもちろん一五ccになる。

それでは同じ温度の水一〇ccとエタノール五ccを混ぜた場合には、実際に起こるのは次の三つの中のどれだろうか。

混ぜた後の体積は、

(1) 15ccである。

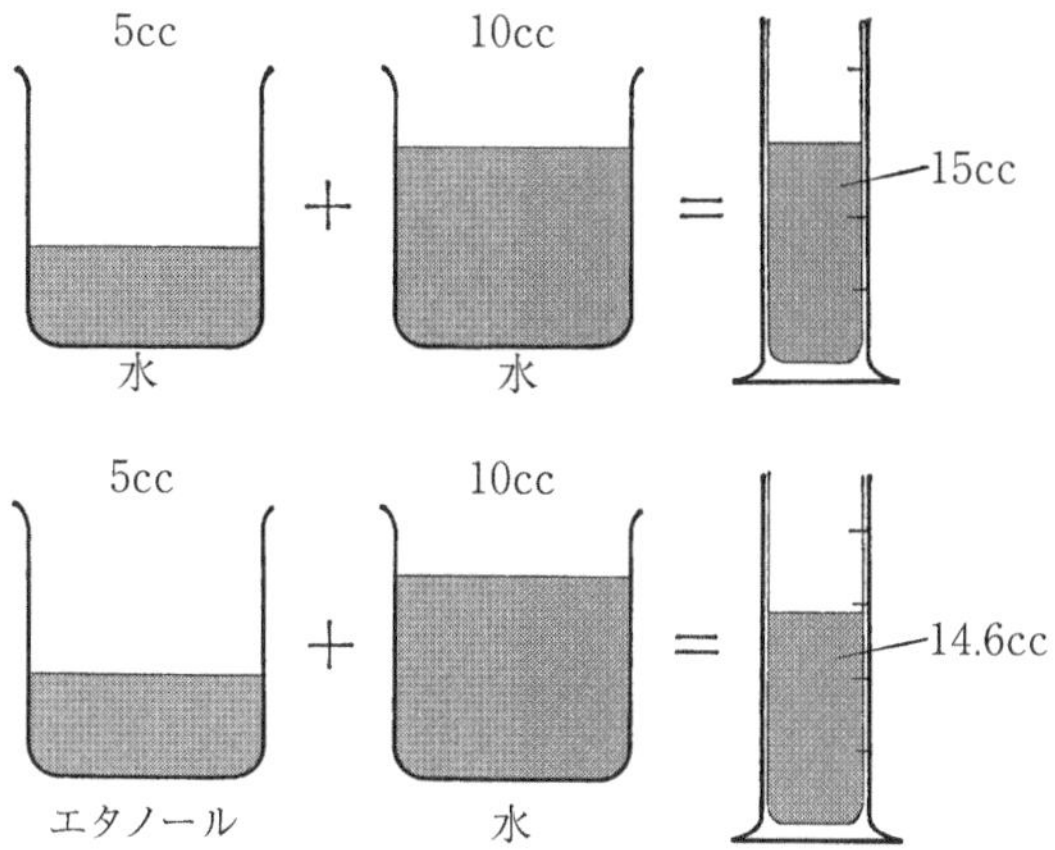

図18　25℃で水にエタノールを混ぜた時の体積変化

(2) 15ccよりもふえる。
(3) 15ccよりも減る。

答えは(3)であって、混ぜた後の体積は混ぜる前のエタノールと水の体積の和よりも減るのである。一方目方を測ってみると、混ぜる前の水一〇ccとエタノール五ccの目方の和は、混ぜた後のエタノール水溶液の目方に等しい。その様子を図18に示す。なお体積の減少の割合は、加えるエタノールの量、もっと正確には溶液のエタノールの濃度によって異なる。そして最も大きな減少はエタノールの濃度が一八パーセントの時に起こる。また水に他の物質を溶かした時にも、(1)にはならない。

それでは消えた体積はどこへ行ったのだろうか。それを次に考えることにする。

一般に二つの液体を混ぜて体積が減少する場合

には、これらの液体の分子の間に強い力が働いていると考えられる。

水とエタノールの間には、しばしばふれてきたように、エタノール分子の$-OH$（水酸基）と水分子の間に水素結合ができ、お互いに引っ張りあう。このために、水とエタノールはよく混ざり合うのであるが、この水素結合だけでは、体積減少はうまく説明できない。

エタノールは水酸基の他に、エチル基（$-C_2H_5$ 場合によっては $CH_3 \cdot CH_2-$ と書くこともある）をもっている。この部分は実は炭化水素と呼ばれる一群の化合物の仲間である。

炭化水素はガソリンとかベンゼンあるいはトルエンのようないわゆる油の一種である。水と油のたとえのように、水と油は古来混ざらないものの代表とみなされてきた。炭化水素と水の作用については、後でもっと詳しく説明するが、とにかく、エタノールの一部分であるエチル基は水に溶けにくい性質をもっているということは理解できるだろう。

エチル基に水素原子が一個ついたエタン（気体）は、水にはほんのわずかしか溶けない。また、ガソリンと水を試験管に入れて激しく振ると、水もガソリンも小さな粒になって液全体が少し白濁してみえるが、振るのをやめると、すぐに二層に分かれ、ガソリンが水の上に浮かぶ。ところが水とエタノールの場合にはけっしてこのようなことは起こらず、みた目には一様で透明にみえる。それではこのエチル基はどんなふうにして水の中に入りこむのだろうか。

がてきる。

◎置換え型と空家型

エタノール水溶液の性質の研究から、この溶液の構造について次のようなモデルを考えることができる。

前章でのべたように、水はすきまの多い液体である。このすきまを空孔と呼ぶことにしよう。この空孔は一定の大きさではなく、水分子間の水素結合がたえず切れたり生成したりしており、しかも同時に水分子は激しく水の中を動き回っている。だからこの空孔の形や大きさはたえず変化しているが、平均として約五オングストロームの直径をもっている。

エタノール分子の中のエチル基は水になじみにくいので、物理化学者達は疎水基と呼んでいる。この疎水基は水分子と水素結合をつくることができないので、水の空孔の中に入りこむのが最も自然なふるまいである。つまりこういう状態がいちばん安定なのである。そして水酸基（これは水になじみやすいので親水基と呼んでいる）は、空孔のまわりにある水分子と置き換わる。その様子を図19に示す。

この図は、ある物質が水に溶ける場合の最も重要な二つの方式を示している。水酸基のように水になじみやすい基は、水に溶けると水分子と入れかわって、水分子が占めていた場所に入りこむことができる。

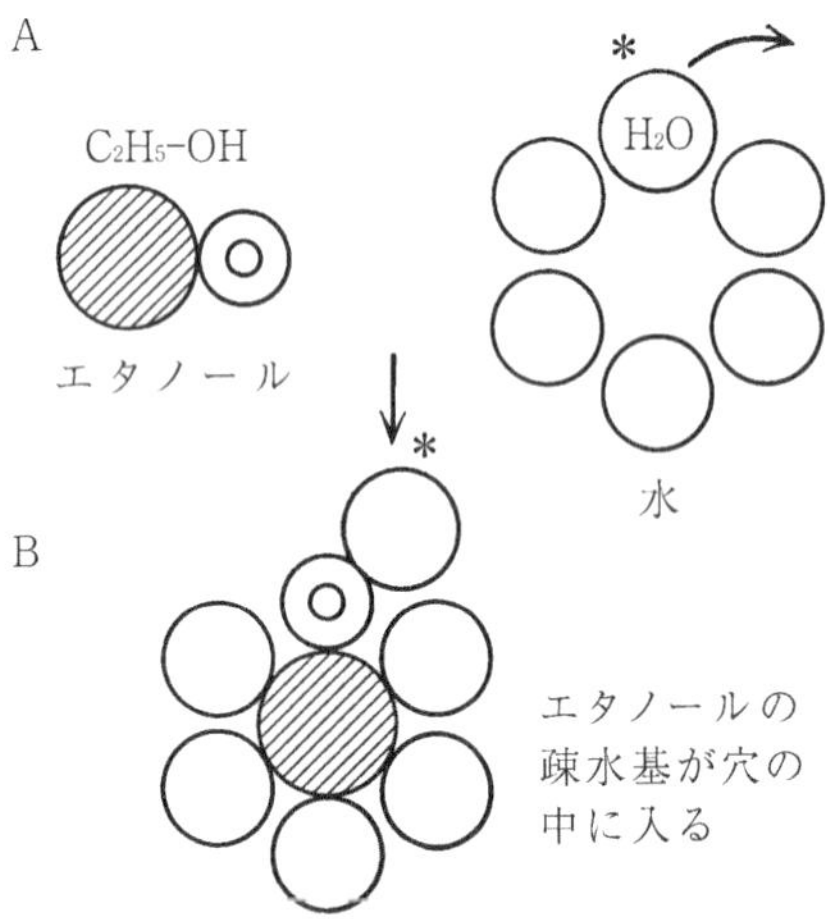

図19　エタノール分子の溶け方

ある瞬間に、ある一つの水分子（中心分子と呼ぶことにする）のまわりには四個か五個の水分子しか存在せず、しかもこれらの水分子は中心分子から正四面体の頂点の位置のところにあるという意味で、水分子の相対的位置は決まっている。そして水分子のまわりには空いている座席（空孔）の割合が多いのであるが、それにもかかわらず水酸基は水分子と入れかわってその場所を占めるのである（このような溶け方を置換え型と呼ぶことにする）。別の言葉でいえば、水酸基は水分子が占めている座席に関しては同等の資格をもっているので、座席の認識能力では水分子と水酸基を区別できない。一般に、水酸基以外の親水基もこのような溶け方をする。

一方、疎水基は水分子と入れかわることができず、空孔の中に入る（この溶け方を仮に空家型と呼ぶことにしよう）。

エタノールに限らず、水に溶ける物質は（溶けやすいか溶けにくいかは別として）、このいずれかの方式で水に溶ける。

ここで、82ページに提出したエタノールが水に溶ける時の体積減少の問題に立ちもどることにしよう。

図19をもう一度よくみていただきたい。図のAは、エタノールと水を混ぜる前の状態を示している。水の体積の中身を考えると、これは水分子自身の体積と、そのまわりにある空孔の体積とからなる。エタノールも同様であるが、しかし空孔の割合は水に比べもっとずっと少ないことがわかっている。

図のBをみると、エチル基の部分は水の空孔の中に収まっている。つまり混ぜる前は、C_2H_5OHの体積をもっていたものが、混ぜた後は-OH分の体積しか効いてこない。すなわちエチル基分の体積は消えたようにみえる。エタノールと水を混ぜた時の体積減少の最も重要な原因はここにある。

今のべた置換え型と空家型という溶け方の二つの方式は、水に対するエタノールの量が比較的少ない場合で、エタノールの量が増すと、様子が異なってくる。すなわちエタノールをどんどん加えていくと、エタノール分子の側に水分子ばかりでなく、エタノール分子も現れるようになる。このような濃度では、溶け方は図19と異なる。その詳細はまだはっきりしていない。

先にのべたように、エタノールの濃度が一八パーセントの時、体積変化が最も大きい。それで、この濃度以上にエタノールが溶けると溶け方の方式が変わってくると考えられる。またこの濃度は表5（79ページ）の醸造酒の最高のアルコール濃度とほぼ同じであることを指摘しておく。

◈エタノール水溶液中の分子の動きやすさ

これまでのべてきたのは、主として水分子とエタノール分子の並び方であった。これはエタノール溶液をいわば静的な観点からみたモデルである。そこで動的な観点、すなわち分子運動の面からエタノール水溶液を眺めることにしよう。

常温の水では、水分子は10^{-12}秒程度の想像もできないような速さで、勝手気ままな方向に動き回ったり、回転運動をしたりして、その熱運動には何の方向性もない。そのような水の中にエタノールを溶かすと、どんな事態が発生するだろうか。

図20(A)は純水の場合である。激しい熱運動のために、分子間の水素結合が切れて自由に動けるようになった水分子(イ)は、ただちに隣にある空孔の中に飛びこむ。その瞬間、飛びこんだ水分子(イ)の後に新しい空孔ができ、水分子(イ)は隣の水分子と水素結合をつくる。

図20(B)はエタノール水溶液の場合である。エタノール分子の疎水基（エチル基）は空孔の中に入り、水酸基はある水分子と置き換わって、まわりの水分子と水素結合をする。したがって、水

素結合が切れて自由になった水分子(イ)のそばにエタノール分子がある場合には、水分子(イ)が飛びこむことのできる空孔の数が少ないことになる。またエタノール分子が溶液中を移動する場合にも、同様に空孔を通じて場所を変える。

エタノール分子も水分子もともに激しい熱運動をしていて、かたときも静止していないが、隣に移るのに都合のよい空孔ができるまで、振動しながらその位置にとどまっている。すなわち、空孔が埋められると、その位置にある滞在時間がながくなる。この滞在時間の基準として、これからはいつも同じ温度にある純水中の水分子の滞在時間をとる。この滞在時間は第二章でのべたように10^{-12}秒くらいである。

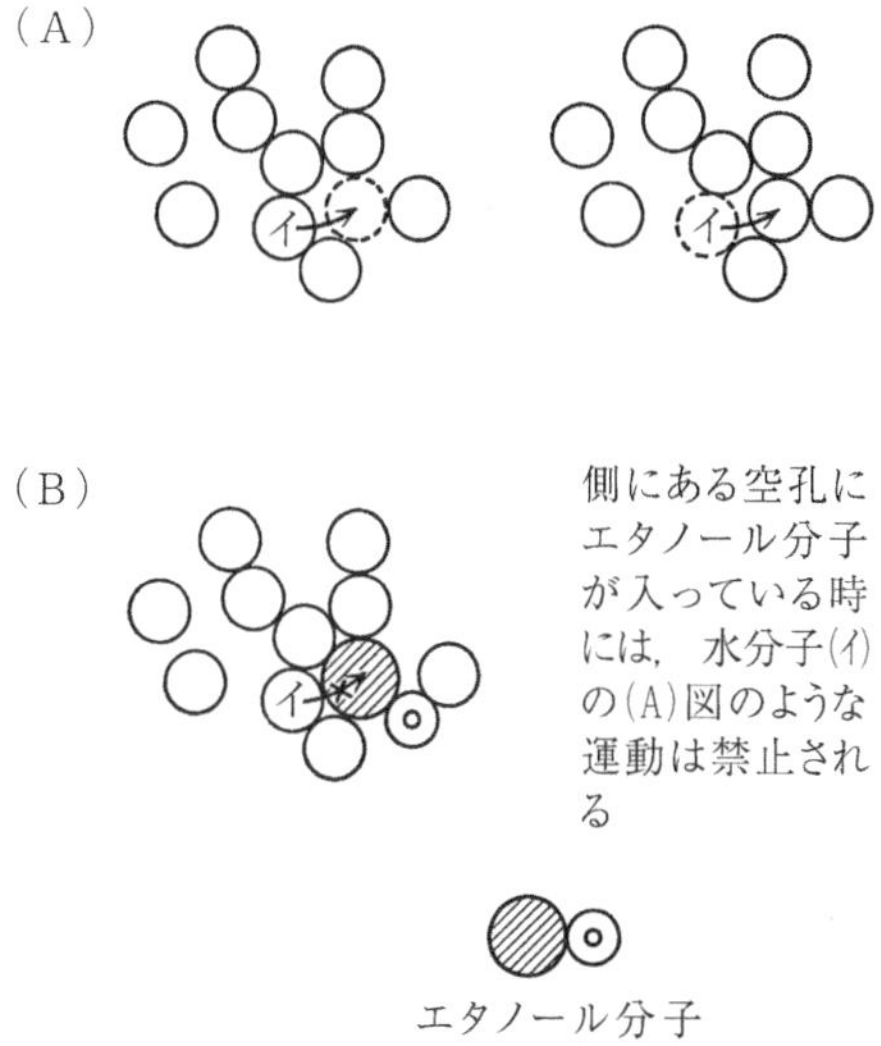
(A)
イ
イ
(B)
イ
側にある空孔にエタノール分子が入っている時には，水分子(イ)の(A)図のような運動は禁止される
エタノール分子

図20　エタノール水溶液中の分子の熱運動

　これにもう一つの重要な効果が加わる。後でのべるように、疎水基のまわりの水分子の熱運動が遅くなる（これを疎水性水和と呼んでいる）。

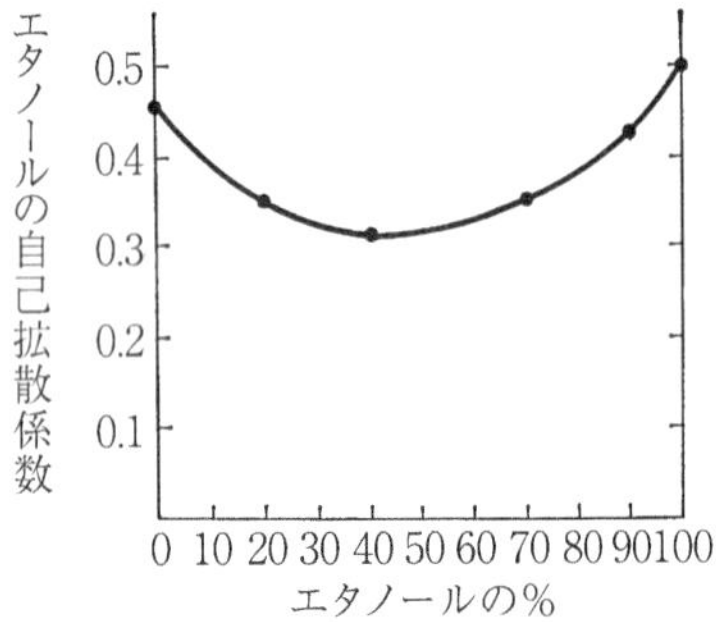

（縦軸の値は純水の自己拡散係数に対する比）

図21　エタノール水溶液中のエタノールの自己拡散係数

このような二つの作用のために、エタノール水溶液中では、エタノール分子と水分子の熱運動は、それぞれの純粋な状態に比べて遅くなる。以上の説明では水分子の動きに主として注目してきたので、エタノール分子の熱運動も遅くなるというのは、ちょっと理解しにくいかもしれない。

これは次のように考えればよい。水分子が動きにくくなれば、エタノール分子が移動するための空孔もできにくくなる。エタノール分子は水分子の熱運動をさまたげ、逆にその水分子はエタノール分子の熱運動を制限する。しかしこの制限の程度は必ずしも平等ではない。話を簡単にするためにふれないできたが、両方の分子の大きさの違いや形が大きな影響をもっている。

分子運動もまた体積変化の場合と同様に、エタノール濃度によって変化する。その様子はいろいろな方法で知ることができるが、一例として図21にエタノールの自己拡散係数の例をあげる。

自己拡散係数は分子の速さそのものではないが、ここでは分子の（並進）運動に対応すると考えて話をすすめることにする。

図21で横軸はエタノールの濃度（パーセントで表したもの）、縦軸はエタノールの自己拡散係数である。エタノール濃度四〇パーセント付近で自己拡散係数がいちばん小さくなっている。すなわち、この濃度でエタノール分子の熱運動がいちばん遅くなっている。なおこの濃度を分子数で表すと、大体エタノール分子一に対して水分子四の割合になる。

その他の方法によっても、エタノール溶液中のエタノール分子の運動（並進も回転も）は、エタノール濃度が増すにつれて次第に遅くなり、五〇パーセント前後でいちばん遅くなることがわかった。

すなわち、約一八パーセントで水の中の空孔の大部分はふさがり、エタノール分子と水分子との作用はいっそう緊密になり、五〇パーセントで分子の運動はいちばん遅くなる。つまり分子の滞在時間がながいという意味で、この状態はいちばん安定な構造をもっているといえる。そしてこの構造は、エタノール分子一個を四個の水分子で取り囲むような配列で維持されている。これ以上エタノールの濃度を増すと、今度はエタノール分子間の作用も入ってきて、安定な配列が乱される。

このようにして、表5（79ページ）の蒸留酒のエタノールのパーセントは、エタノール溶液の構造がいちばん安定な範囲にあることがわかった。酒の老熟の原因はまだよくわかっていないらしいが、おそらくこの溶液の構造の安定性と深い関係にあるだろう。

合成酒というのは、純エタノールに水や香料などを適当に混ぜてつくる。それだけでは酒のような風味がでないらしい。そこで超音波処理ということが行なわれる。超音波をかけると、エタノールと水が非常によく混ざる。つまり熟成を短時間でやるわけである。そうしてみると、熟成の時間は溶液の構造の安定性と密接な関係にあるといえよう。

◈似ている砂糖と水

アルコールと同じく水素結合による作用として、私達の生活にとって非常に大事なものに砂糖と水の相互作用がある。

砂糖、ぶどう糖、果糖など一般に糖と呼ばれる一群の物質は、分子内にいくつかの水酸基をもっている（なおすべての糖が甘いとは限らない。苦いのもあれば、ほとんど味のないのもある）。いくつかの糖の構造を図22に示す。これらの糖のあるものは、生物の体の中にあって、重要な働きをしている。たとえばぶどう糖は生体中で酸化によって分解し、生きていくためのエネルギーを提供する。

図22の糖の分子式はいずれも$C_6H_{12}O_6$であって、その構造の違いは炭素原子についている-OH基の向きである。これらの糖を六単糖という。六単糖の生理作用の違いの例として、マンノー

ス、ガラクトース、ぶどう糖の赤血球膜に対する透過度の実験がある。透過速度は上の順におそくなる。

さて、ここで第二章の図15（60ページ）の下の図をみていただきたい。66ページでのべたように、水ではこの氷Ｉに似た構造が大部分保存されている。この図を図22の糖の構造式と比べてみると、興味のあることに気がつく。

すなわち水の構造を上からみると、水分子の酸素原子がジグザグの六角形に並んでいる。糖分

D-グルコース（ぶどう糖）

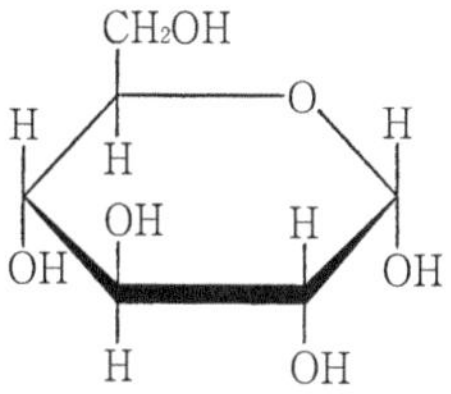

D-ガラクトース

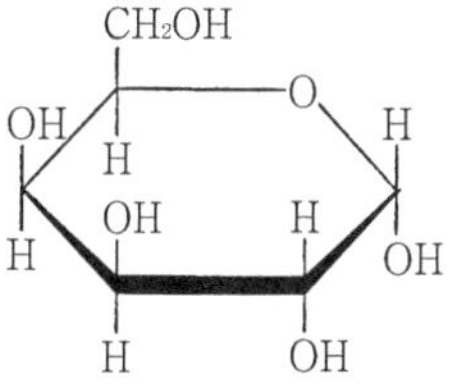

D-マンノース

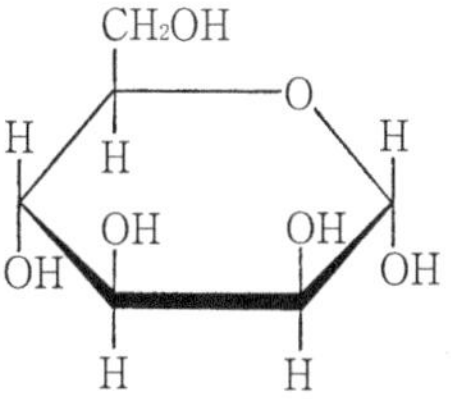

図22　糖の構造式

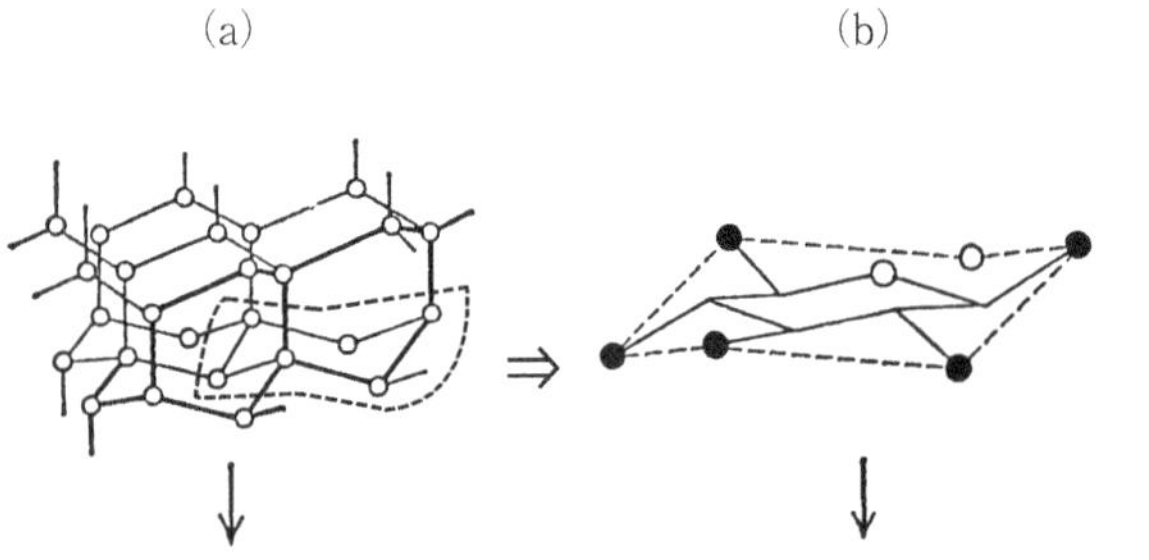

図15を描きかえた図
○が水分子の酸素原子を表す

(a)の水の構造の中にぶどう糖分子を入れた図
----で水の構造を示してある
●はぶどう糖分子の水酸基の酸素原子

図23　ぶどう糖が水に溶けている様子

子の六員環（一個の酸素原子と五個の炭素原子からなる）もジグザグの形をとる。ぶどう糖分子を入れてみると図23のようになり、ぶどう糖の各炭素原子についている水酸基の酸素原子の位置がちょうどうまく水の構造の酸素原子の位置と一致する。ところが、糖の種類によっては-OHの酸素原子は上につきでたような配置をとる糖もある。この場合には糖のOと水の構造のOとは重ならない。

第二章でのべたように、O—H…Oのような水素結合は、この三つの原子が一直線上に並んだ配置がいちばん強く、直線からずれる程度が大きくなるほど弱くなり、ついには水素結合ができなくなる（46ページの図13参照）。

したがって、ぶどう糖の場合は、すべての水酸基が水分子と安定な水素結合をつくることができる。言葉を換えていえば、ぶどう糖のまわりの水分子の熱運動は、糖との相互作用のために遅くなっている。水酸基が飛び出していて、水分子と水素結合をつくりにくいような糖のまわりの水分子は、水の中の配列が乱されるので、動きやすくなる。

先にのべた赤血球膜に対する透過速度の順番は、まわりの水分子の運動を抑制する順番になっているのである。このようにして糖の構造と水の構造の類似性は、糖の生理作用と非常に深い関係にあることがわかってきた。

◎電解質の水溶液

水溶液としてもう一つぜひとも取り上げなければならないのは、食塩のような電解質の水溶液である。食塩を水に溶かすと、プラスの電気をもったナトリウムイオン（Na^{+}）とマイナスの電気をもった塩化物イオン（Cl^{-}）に分かれる（これを解離という）。

イオンは生物の体内にも存在する。動植物に含まれる主なカチオン（プラスの電気をもったイオン、陽イオンともいう）としては、水素イオン（H^{+}）、ナトリウムイオン、カリウムイオン（K^{+}）、その他少量のカルシウムイオン（Ca^{2+}）、マグネシウムイオン（Mg^{2+}）がある。またアニオン（マイナスの電気をもったイオン、陰イオンともいう）としては、塩化物イオン（Cl^{-}）、重炭酸イオン（HCO_3^{-}）、それから少量の硫酸イオン（SO_4^{2-}）およびリン酸イオン（HPO_4^{2-}）

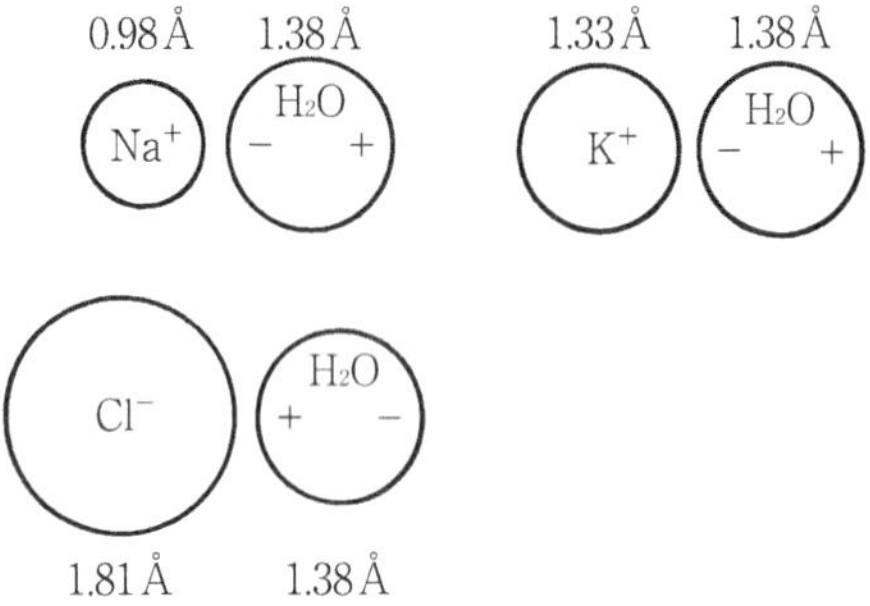

図24　陽イオンと陰イオンのそばの水分子の向き

があげられる。

これまでのべてきたように、アルコールや糖と水分子が作用する際の主な力は、水素結合であった。イオンとの作用の場合には、水分子の二重性格のもう一つの側面である双極子としての働きが主体になる。

双極子は小さな磁針に似た性質をもっている。たとえば強い棒磁石のN極に磁針を近づけると、磁針はそのS極を棒磁石のN極に向けて静止するだろう。今、棒磁石のN極の代わりにナトリウムイオン、磁針のかわりに水分子を考えると、水分子はナトリウムイオンの方に、S極に相当する部分を向けるであろう。

すなわち、水分子は小さな棒の両端に、プラスの電気とマイナスの電気をもった双極子としての性質を示すので、ナトリウムイオンのそばではマイナスの電気の方を向け、塩化物イオンのそばではプラスの電気の方を向ける。図24に、ナトリウムイオン、カリウムイオンおよび塩化物イオンのそばの水分子の向きを示す。ただし、図では水分子を棒状でなく、円として描いてある。この方が実際に近いのである。図の数値は半径の値である。

◎イオンと水分子の間の力

第一章で分子運動は分子の間に働く力によって影響をうけることを説明した。イオンのまわりの水分子の状態も同様に、イオンと水分子の間の力によって決まる。

この場合の力はイオンのもっている電気と、水分子の正または負の電気との間の力であるから、クーロン力である。このクーロン力は同じ符号の電気の間では反発し、異なった符号の電気の間ではお互いに引きあい、その強さは電荷の距離の二乗に反比例する。

図24のナトリウムイオンとか塩化物イオンは一単位の電気量をもっている。また、カルシウムイオンやマグネシウムイオンは二単位の電気をもっている。普通この単位量を表すのに価という言葉を用いている。この表現に従うと、ナトリウムイオンや塩化物イオンは一価のイオン、カルシウムイオンは二価のイオンと呼ばれる。そしてクーロン力はこの価数に比例する。

したがって、イオンと水分子の間のクーロン力は、水分子がイオンに近づくほど、またイオンの価数が大きいほど強くなる。以下の考察では、イオンと水分子のクーロン力を比較するために、水分子がイオンに接した状態を考える。

そうすると、この場合にはイオンと水分子の間の距離はイオンの半径と水分子の半径の和になる。結局、クーロン力はイオンが小さく、価数が大きいほど強くなる。この関係は非常に大事な法則で、イオンと水分子の間の相互作用は、主としてこの法則でのべることができる。

図24のイオンや水分子は、実際の半径に比例するように描いてある。したがって、図からどのイオンと水分子の間のクーロン力がいちばん強いか、ただちに理解できるであろう。

ここでイオンと水分子間のクーロン力は、一体どのくらいの大きさなのかをみるために、カリウムイオンと水分子の間の力と、水分子と水分子の間の電気的な力（もっと正確には双極子と双極子の間の力）とを比較してみよう。ここでカリウムイオンをえらんだのは、このイオンは水分子とほぼ同じ大きさをもっているためである。計算の結果によると、カリウムイオンと水分子の間の力の方が、水分子と水分子の間の力よりも四倍ほど大きい。

◎イオンのまわりの水分子の配列

イオンに接している水分子の状態を決める大事な量の一つは、何個の水分子がイオンに接しているかということを表す量で、普通、水和数とか配位数とかいう言葉で呼ばれている。

この配位数は水や氷の構造を表す時に用いた最近接数に対応するものである。同じ大きさの球形粒子の場合には、一二個まで接することができる。

この配位数はイオンの種類や、さらにやっかいなことに、測定方法によっても異なる。しかし無機の単原子イオンに限ると、配位数は四または六である。そのいくつかの例を図25に示す。

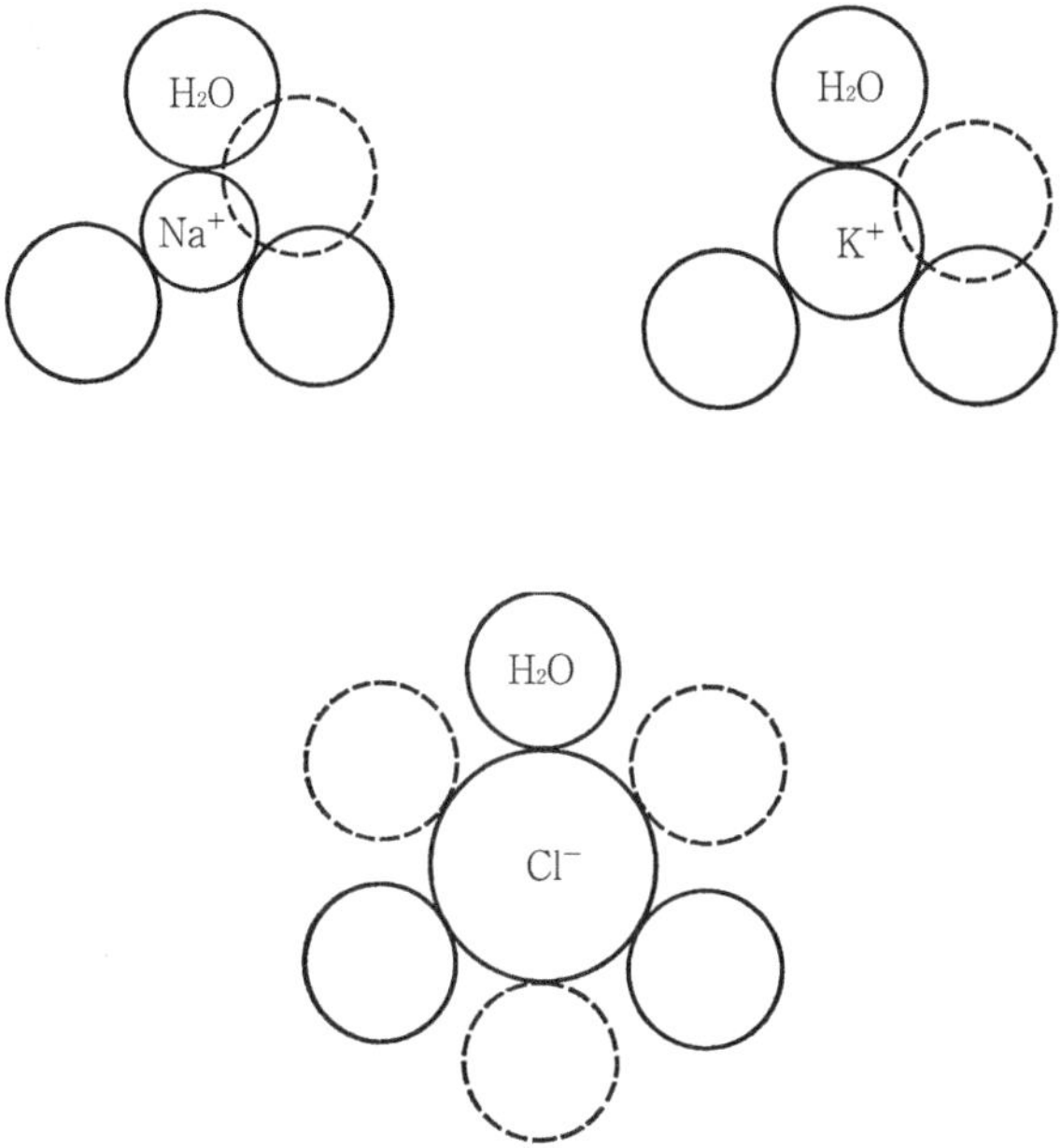

図25　イオンのまわりの水分子の配列

ナトリウムイオンの場合をみてみよう。図からわかるように、その配位数は四である。氷や水では最近接数はそれぞれ、四および四・五であった。これからナトリウムイオンが水の中に入りこむ時の様子を次のように考えることができる。すなわち、ナトリウムイオンは、水分子とちょうど置き換わるような仕方で水の中に入りこむ。つまり置換え型である。また塩化物イオンの配位数は、六である。たぶん空家型の溶け方であろう。

図24の場合にはイオンと一個の水分子の関係を示している。図25

のように、四個または六個の水分子がまわりにある時にも、中心イオンの電荷の符号に応じて、水分子は正または負の極をイオンの方に向けて配列しようとする。

ここで、図24では考えなかった新しい事態が生じる。イオンに接している水分子は、イオンが溶ける前には、他の水分子と水素結合によって結ばれていた。それで図25のような配列をするためには、水分子はイオンの反対側にある他の水分子との水素結合を切って回転しなければならない。イオンと水分子の間のクーロン力は、カリウムイオンの例にみるように、そのまわりの水分子を回転させるにたる大きさである。

水の中の水素結合は、水分子の激しい熱運動によってたえず切れたり再生したりしている。したがって、この熱運動はイオンのまわりの水分子の回転を助けるだろう。ところがこの水分子の熱運動は、イオンのまわりの配列を乱す働きもする。

それではイオンのまわりの水分子の配列は実際にはどうなっているのだろうか。この問題に答えるためには、水分子と水分子の作用およびイオンと水分子の作用というように楯の両面から水分子の熱運動をみなければならない。

◎正の水和と負の水和

イオンと水分子間のクーロン力はイオン半径が小さいほど大きくなる。水和している水分子の

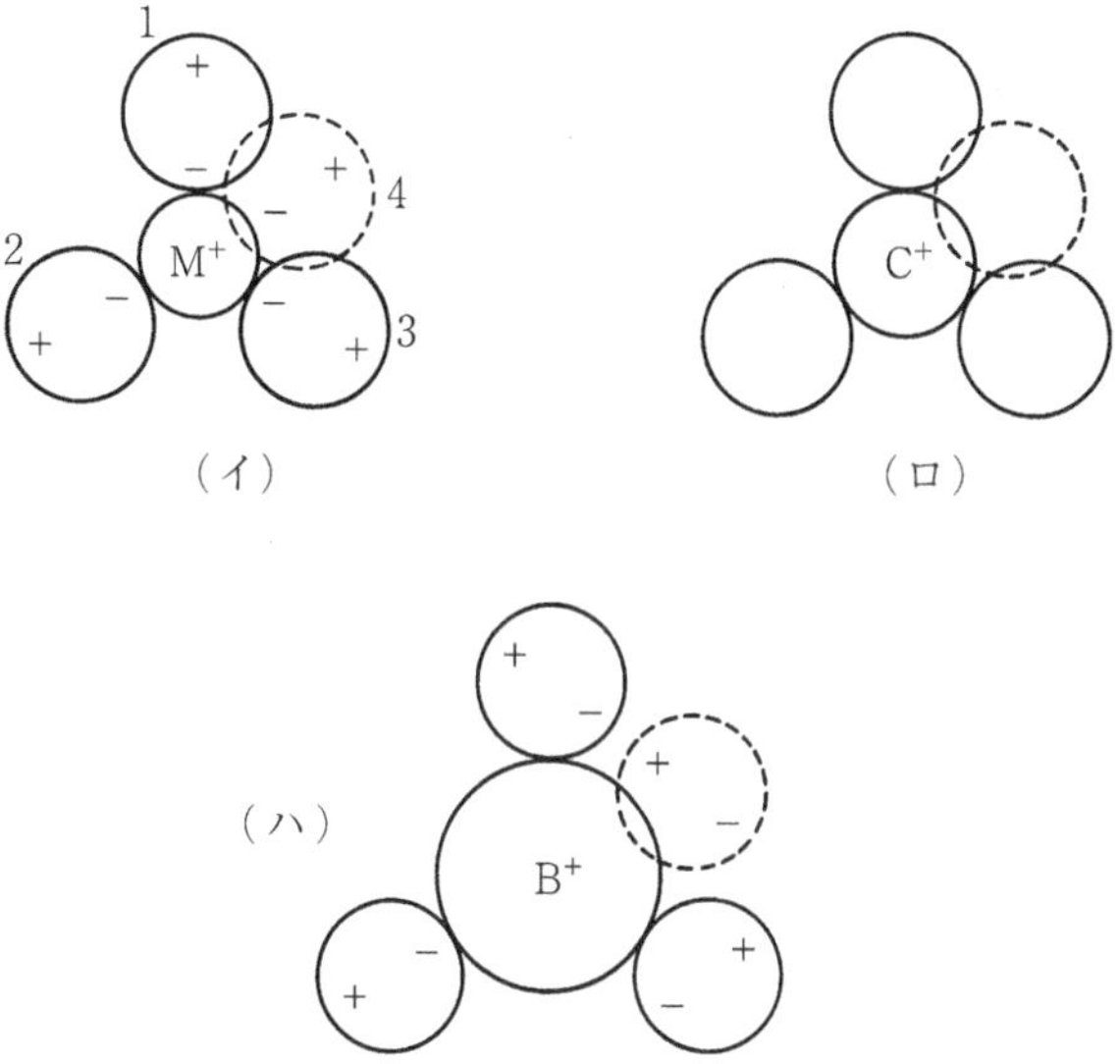

B^+イオンのまわりの水分子がいちばん動きやすい

図26　イオンのまわりの水分子の状態

挙動がイオン半径によってどう変わるかを知るために、半径の異なる三種の仮想的な一価のカチオンM^+とC^+、B^+を考える。また、ここでは水は近似的に正四面体の配列をしているとしよう。

今、ある瞬間に、四面体の中心の水分子を図26(イ)のように、M^+イオンで置き換えたとする。M^+イオンの半径は水分子の半径よりも小さい。たとえばLi^+イオンくらいの大きさとする。そうすると、このM^+イオンと水分子の間のクーロン力は、水分子—水分子間の水素結合よりも強いので、水分子は回転してイオンの方に負の極を向ける。

水分子同士の正四面体配置は、10^{-12}秒くらいしか続かないので、たとえば、一番目と四番目の水分子は水素結合が切れた瞬間にくるっと回転し、二番目と三番目の水分子は、他の水分子との水素結合が切れる前に、イオンとの間の強い力のために配向させられたと考えてもよい。

M^{+}イオンのまわりの水分子も熱運動しているが、イオンの方に強く引っ張られているので、その運動の程度は純水中の水分子の熱運動に比べて遅い。水分子の熱運動には、回転（水分子の重心の位置は変わらない）と、並進（水分子が他の場所に移動する）の二つの運動があるが、いずれの運動も遅くなる（その遅くなる割合は、イオンと水分子間の力によって決まる）。

そのため、四個の水分子がM^{+}イオンのまわりに滞在している間は、その負の極をイオンの方に向けている。したがって、この状態は純水とは異なるが、M^{+}イオンのまわりにはある構造が存在するということができる。このようなイオンを、構造をつくる、または正の水和をするイオンと呼ぶ。

次にカチオンの半径を次第に大きくしていくと、クーロン力は分子間距離（この場合には、イオン半径と水分子の半径の和）の二乗に反比例するので、力が次第に弱くなる。そして、あるイオン—水分子間の力と水分子—水分子間の力の大きさが等しくなる。このようなイオンをC^{+}イオンと呼ぶことにし、C^{+}イオンのまわりの水分子の配置を図26(ロ)に示す。この場合には、C^{+}イオンは水分子に対し、水分子と同じ作用をするので、これらの水分子の運動状態は、純水中のそれと同じである。この意味で、C^+イオンは水の構造に影響をあたえないとみなすことができる。

さらにイオン半径を増すと、今度はイオン—水分子間の力の方が、水分子—水分子間の力よりも弱くなる。このようなイオンをB^+イオンと呼ぶことにする。

B^+イオンに接している水分子は、反対側で他の水分子と水素結合をしている。そしてある瞬間にこの水素結合が切れて自由回転できるようになると、B^+イオンの方に負の極を向けて配向する。しかし次の瞬間に、この水分子の近くに別の水分子が飛んできて、水素結合をつくりやすい位置に入ると、B^+イオンに接していた水分子はまた回転して、今飛びこんできた水分子と水素結合をつくる。

結果として、B^+イオンのまわりの水分子の回転運動は純水中よりも激しくなる。またB^+イオンから離れて別の場所へ移動しやすくなる。つまりB^+イオンに接している位置における滞在時間も短くなる。この様子を図26(ハ)に示す。それでB^+イオンを、水の構造をこわす、あるいは負の水和をするイオンと呼ぶ。

たとえばNa^+イオンは正の水和をするイオンであり、K^+イオンは負の水和をするイオンである。これら二つのイオンはいずれ

表6　正の水和をしているイオンと負の水和をしているイオン

イオン	τ_i/τ_0
Li^+	1.9
Na^+	1.3
K^+	0.71
Rb^+	0.60
NH_4^+	0.69
Cl^-	0.84
Br^-	0.78

もアルカリ金属イオンであるが、水に対する作用は正反対である。図26(ロ)のC^+イオンは実在しない。アルカリ金属イオンでいえば、C^+イオンに対応する半径をもったイオンは、ちょうどNa^+イオンとK^+イオンの中間にあることになる。

Na^+イオンもK^+イオンも生物にとってきわめて重要なカチオンであるが、血液とかその他の細胞外液中ではNa^+イオンの方が非常に多く、逆にK^+イオンは細胞内に多量に存在するというようにその生理的な役割もまったく反対である。

表6に正の水和または負の水和をしている実在イオンの例をあげる。

正の水和または負の水和をきめるために、いろいろの方法があるが、表6にτ_i/τ_0の値をあげてある。τ_iはイオンに接している水分子の滞在時間、τ_0は純水中の水分子の滞在時間である。したがってこの比が一よりも大きければ正の水和、一よりも小さければ負の水和をしていることになる。

88ページや94ページでのべたことからわかるように、エタノールや糖の水溶液では、この比の値は一よりも大きい。

◎イオンの熱運動

水分子と同様にイオンもまた熱運動を行なっている。イオンと水分子の相互作用は、今みてき

表7　イオンのストークス半径（r_s）と結晶半径（r_c）

イオン	Li^+	Na^+	K^+	Rb^+	Cl^-	Br^-
r_s（Å）	2.38	1.84	1.25	1.18	1.21	1.18
r_c（Å）	0.60	0.95	1.33	1.48	1.81	1.95

たように、水分子の熱運動に大きな影響をあたえる。イオンのまわりの水分子の熱運動は逆にイオンの熱運動に影響をあたえる。

イオンの速度は、イオン半径と水の粘度に反比例する（これをストークスの法則という）。ここで粘度というのは、液体の流れやすさの程度を表す量で、ねばねばした流れにくい液体ほど粘度が大きい。たとえば、重油と水を比べると、重油の粘度の方がはるかに大きい。

イオンの移動速度を測ると、ストークスの法則によって、水中のイオン半径を計算することができる。ただしこの場合に、水の粘度として普通は純水の粘度を使う。このようにして求めたイオン半径をストークス半径といって、r_sで表す。

また、イオンの大きさを表す量として、結晶半径（r_cで表す）を用いるのがより一般的である。結晶半径はいわば、はだかのイオンの大きさである。

表7に、一価の陽イオンと陰イオンのストークス半径と結晶半径をあげる。表7をみると結晶半径が増すと、ストークス半径は減少している。そして、リチウムイオンとナトリウムイオンを除いて、ストークス半径の方が結晶半径よりも小さい。すなわち、K^+、Rb^+、Cl^-、Br^-イオンは、水中の半径の方が、はだかの大きさよりも小さい。これは一体どうしたことなのだろうか。水の中でこれらのイオン

は縮むのだろうか。この正しい答えは、イオンのまわりの水分子の熱運動の状態からえられる。表6（103ページ）からわかるように、表7にあげたイオンのうち、Li^+とNa^+イオンのみが正の水和をし、残りのイオンは負の水和をしている。

負の水和をしているイオンのまわりの水分子は、純水中よりも動きやすい状態にある。さて、イオンが水中を移動する場合には、水をかきわけて移動する。そうすると、水分子が動きやすい状態にあれば、イオンが動く時のまわりの抵抗はそれだけ小さくなる。つまり実際よりも粘度の低い水の中を移動していることになる。ストークス半径は純水の粘度を用いて計算した値なので、負の水和をしているイオンのストークス半径は、結晶半径よりも小さいことになる。

また正の水和をしているイオンのまわりの水分子は動きにくい。したがって、水をかきわけて進む場合には大きな抵抗をうける。それはあたかもイオンが数個の水分子をひきつれて移動しているようにみえる。ストークス半径が結晶半径よりも大きいのは、このためである。表7では、負の水和をしているイオンを多くあげたが、実際には、正の水和をしているイオンの数の方がはるかに多い。

第四章　界面と水

水になじまない油のような物質（疎水性）が水に溶けると、その分子のまわりを水分子が取り囲んで一種のかごを組み立てる。この状態の水分子は不安定で、なるべく疎水性物質を外界に追い出そうとする。そこで疎水性分子は水の中でお互いに集まりあって水分子と妥協をはかる。

私達のまわりにはいたるところに界面がある。ここで界面によって起こる二つの現象を考えよう。一つは界面を通しての水の移動である。水溶液を界面で二つの部分に分けると（濃度が異なるとする）水分子は界面を通って行ったり来たりするが、自由な水分子が多い方から少ない方へ水が移動する。

次に界面と接している水は、水分子同士の連帯がいっそう強くなって、特別な構造をもつようになる。これは水の特別な集団であって、排他的であり他の分子を容易にうけつけず、温度変化に対しても強い抵抗性を示す。

生物は細胞の集まりである。そして細胞は細胞膜で囲まれており、その外側に細胞外液、内側には細胞質があるが、その大部分の成分はともに水である。細胞膜と水が接しているところが界面であり、この界面を通して、水やイオンなどが移動する。

コップに入れた水を考えてみよう。三方で水はガラス面と接しており、上部は空気と接している。そしてガラスの界面を通しては水や空気の移動はないが、水と空気の界面を通しては物質の移動がある。すなわち水の中へ空気が溶けたり、あるいは水が空気中に蒸発する。

いまのべたいくつかの例からみられるように、ガラス—水、空気—水、細胞膜—水などのいろいろな界面がある。また油—水のような界面もある。このようにして、私達のまわりのいたるところに、界面をみることができる。これらの界面をつくっている水（空気—水）、あるいは界面に接している水（ガラス—水）の状態は第三章でのべた水溶液中の水の状態とは異なっている。そしてこれらの界面の水の性質は、生物、もっと一般的にいって、自然にとって大変に大事な作用をもっている。

◎表面張力

液体の表面の性質をみるために、液体表面と内部にある分子に働く力を考えよう。その様子を図27に示す。分子は激しい熱運動をしていて、液体内をたえず動き回っているが、図27はそのあ

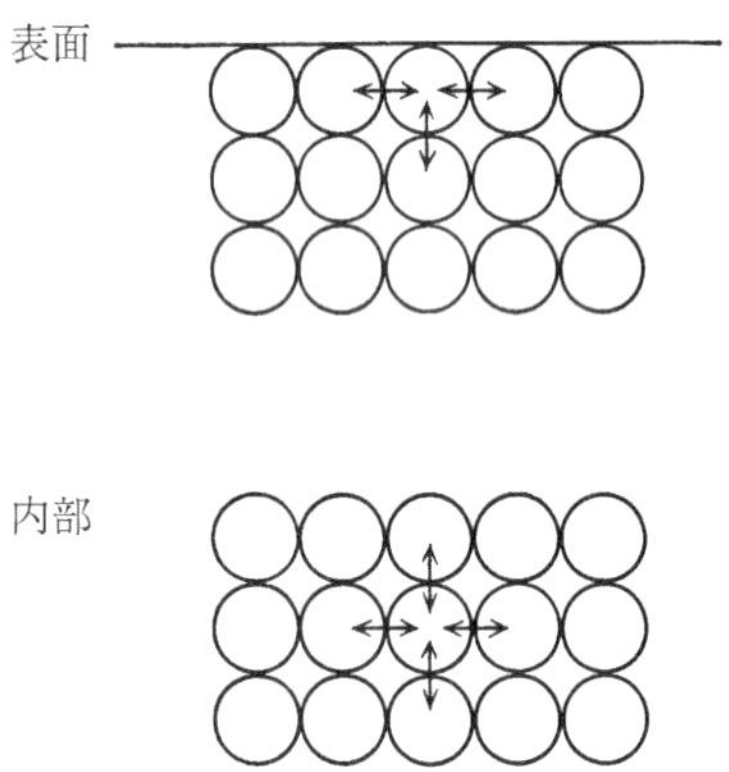

図27　表面にある分子と内部にある分子に働く力

る瞬間における力の釣り合いを示している。

液体内部の分子は、隣りあっている分子により、前後左右および上下の方向に引っ張られているのに、液体表面の分子は前後左右と下の方に引っ張られているだけである。すなわち、表面分子には上下方向の力の釣り合いはなく、下向きの力が余分に働いている。そのため表面にある分子は液体内部にひきずりこまれる。そしてそれ以上表面分子が液体内に入りこむことができない状態で液体表面がつくられている。言葉を換えると、液体の表面積はできるだけ小さくなろうとする傾向をもっている。

体積が一定の場合、表面積がいちばん小さい形は球であるから、雨粒や小さな液滴は球形である。また葉の上の朝露が球であることは日常よく観察される。

この表面積を小さくしようとする傾向を表す量を表面張力という。この値が大きい液体ほど表面積を小さくしようとする力が大きい。

ベンゼンやヘキサンのような炭化水素をはじめとする多くの液体の表面張力は二〇〜三〇ダイン／センチメートルであるが、水は七三ダイン／センチメートルで、水の表面張力はきわめて大きい。

◎洗剤の働き

石けん、一般に界面活性剤あるいは洗剤と呼ばれている物質は、日常生活でも工業的にも大量に用いられている。この洗剤の特徴は、油の性質をもった部分（疎水基）と水になじむ部分（親水基）とからなっていることである。これらの基の性質についてはエタノール溶液のところでも簡単にふれておいた。

エタノールの疎水基（$-C_2H_5$）は短いので、水の空孔の中にうまくはまりこんだ。洗剤分子もエタノール分子と同じように疎水基の一端に親水基がついているが、その疎水基はエタノールに比べてもっと長く、水の空孔の中に入りこむためには多くのエネルギーを必要とする。したがって、洗剤分子がばらばらになって水の空孔の中に入ることのできる割合は、エタノールに比べて非常に小さい。

それで水に洗剤を溶かすと、疎水基は水からはじき出され、図28(ロ)のように疎水基を水の表面に出し、親水基が水中にあるような配列をとる。洗剤濃度が低い間は、洗剤分子は水面上に横になっているが、濃度が高くなるにつれて次第に立ってくる。同時に溶液中では、洗剤分子が何個か集まって、親水基を外側に向け、疎水基は内側に集まって水に接しないような集合体（これをミセルと呼ぶ）をつくる（図28(ハ)）。図では親水基を○で示してある。

図28(ロ)をみると水面はちょうど油でおおわれたのと同じである。油は水に比べて表面張力が小さいので、洗剤はちょうど水の表面張力を下げたような働きをしていることになる。

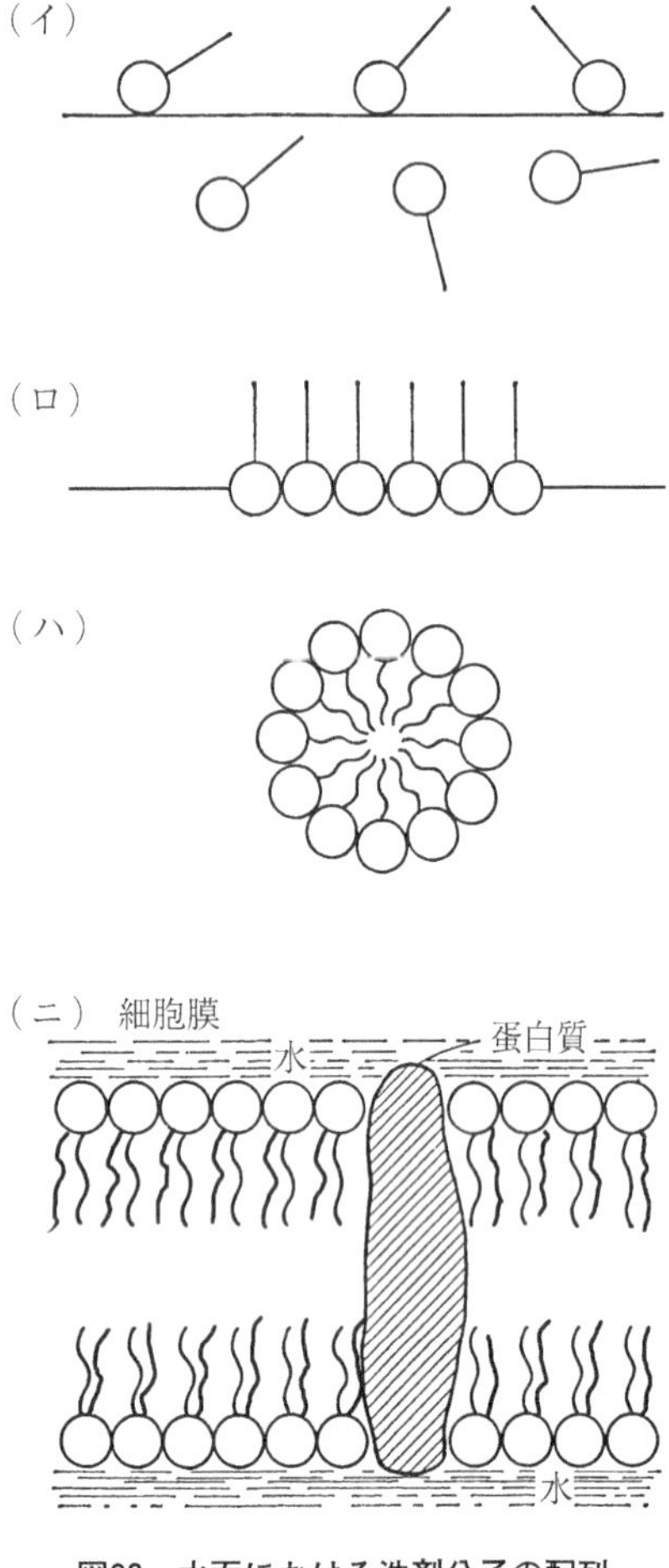

図28　水面における洗剤分子の配列

また洗剤ミセルの内部は油と同じ状態であるからこの中に別の油を溶かすことができる。たとえば、ガソリンと水を混ぜて振ってもガソリンはほとんど水に溶けないが、これに少量の洗剤を加えて振ると、ガソリンはミセルの中に溶けるので、ガソリンが見かけ上、水に溶けたようにみえる。これは洗剤が汚れを洗いおとす原理である。

細胞膜の主な成分はリン脂質という物質である。これは疎水基の一端にリン酸基がついている化合物で、洗剤とよく似た性質をもっている。細胞膜の構造を同じく図28(ニ)に示す。洗剤が水面に並んでいる構造と同じであることが理解されるだろう。

今のべたように、洗剤は水面に広がる性質をもっている。図28(ロ)のように水面上に洗剤分子が一列に並んでいる状態を単分子層または単分子膜ということがある。

水面を洗剤の単分子膜でおおってしまうと、水が蒸発するためには、この洗剤分子を押しのけて水分子が空気中に飛び出さなければならない。普通の温度では洗剤の蒸発は考えなくてもよい。図28(イ)の状態では、洗剤分子におおわれていない水面があるので、この水面からの蒸発が起こっている。結局、蒸発速度は洗剤の膜の密度に依存する。すきまがないように単分子膜でおおうと、水の蒸発をほぼ完全に防ぐことができる。

熱帯や乾燥地帯の湖や貯水池では、有効に使用する水の量よりも蒸発によって失われる水の量の方がはるかに多い。それで実際にステアリルアルコールやセチルアルコールの単分子膜をつくって水の蒸発を防いでいる。この際、洗剤の量が多すぎて、膜が厚くなると、空気中の酸素が水に溶けるのを妨害するようになる。単分子膜だと酸素の溶解量がせいぜい八〇パーセントに減少するにすぎない。この程度だと湖に生息している生物にはほとんど影響をあたえないということである。

◎毛管現象

ぬれた茶わん、あるいは手などをふくのに、ふきんや手ぬぐいを用いる。これは布が水をよく吸収する性質を利用したものである。なぜ水をよく吸うのだろう。

こういった用途に使う布は、普通は木綿である。木綿はぶどう糖が結合してできたセルロースという高分子化合物からなっている。したがって、水になじみやすい、すなわち水と結合しやすい性質をもっている。それから布は細い繊維をより合わせた糸で織ってあるので、すきまがたくさんある。

たとえば、手ぬぐいなどをぶら下げて、下の方を水につけてみると、水がしみこんでだんだん上に昇ってくるのがみられる。このように細いすきまに水が入りこんで昇る現象を毛（細）管現象という。

液体が毛管またはすきまを昇る高さは、毛管の径が小さいほど、また液体の表面張力が大きいほど高い。水は表面張力が大きいので、アルコールなどの液体よりも高く昇る。

ふきんや手ぬぐいが水を吸収する作用は毛管現象によるものである。水が毛管を昇るためには、毛管の内壁が水になじむ、つまり水でぬれる必要がある。たとえばガラスは水銀にぬれないので、水銀の中に細いガラス管を入れると水銀はガラス管の中を昇らないで、液面はかえって下がる（図29参照）。これも毛管現象である。

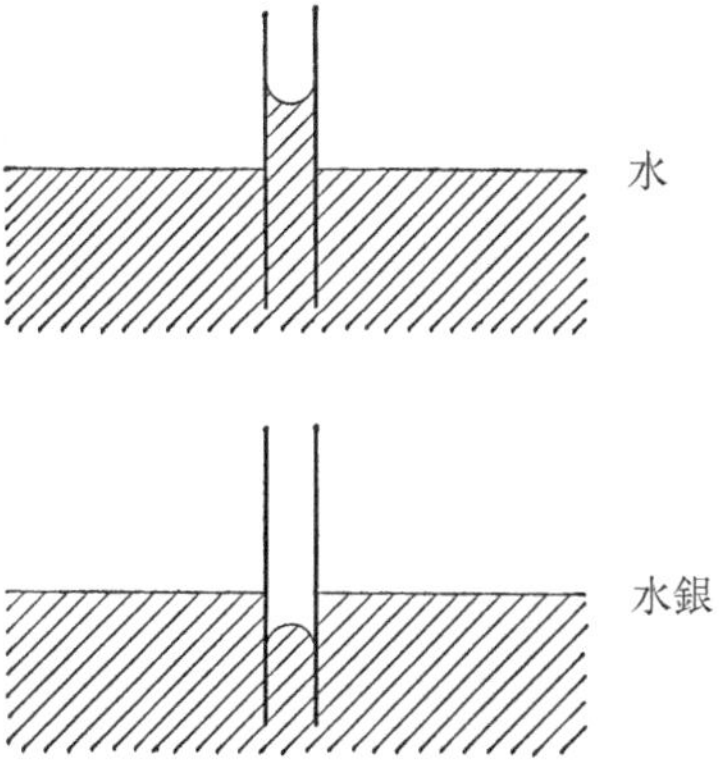

図29　毛管現象

ガラス管の内部に油をぬると、水は水銀の場合のように、ガラス管の中を昇らなくなる。水鳥の羽毛は油でおおわれているので、そのすきまに水は入っていかない。これらのすきまは空気で満たされているので、水鳥は水に浮かんでいられる。

洗剤は油を水に溶かす作用をもっている。洗剤を入れた水に水鳥を入れたらどうなるだろうか。洗剤の油になじむ部分が水鳥の羽の油をつつみ、羽は水になじむ部分でおおわれることになる。そのため水は羽毛の中にしみこんでいき、羽毛のすきまを満たしていた空気は追い出される。したがって水鳥は浮かぶことができなくなる、つまり水鳥は水におぼれる。ガードナーのペリー・メイスン物に『溺れるアヒル』という推理小説がある。これは洗剤を入れた池でアヒルをおぼれさせることが重要なトリックの一つになっている。

◎水と油の話

「水と油」という言葉はけっして混じり合わないもののたとえに用いられている。それではなぜ水と油は混ざらないのだろう。そして本当に油は水に溶けないのだろうか。

アルコール水溶液の節でもふれたが、有機物が水に溶けるためには親水基をもっていなければならない。これまでに親水基の例をいくつかあげたが、表3（45ページ）に示したような水分子と水素結合をつくることができる基（極性基という）の他に、カルボキシル基（$-COO^-$）のように電荷をもっている基（解離基）もまた親水基である。

これらの基と水分子の間に強い引力が働くので、親水基をもっている分子は水の中に入りこむことができる。

今、油というよりも水になじまない物質の代表として、炭化水素を考えることにする。これは炭素と水素のみからできていて、極性基も解離基ももっていない。そして水素原子は炭素原子に結合していて、水分子と水素結合をする能力はもっていない。

水に分子が溶ける場合には、置換え型と空家型の二つの方式があった（85ページ）。炭化水素が水に溶けるのは、この二つの方式の中の空家型によるものである。

水の中の空孔の直径は約五オングストロームであるから、このくらいの大きさの分子がちょうどうまく空孔にあてはまる。実際に、分子の大きさと水に対する溶解性の関係をみると、丸くて五オングストロームに近い大きさの分子をもっている物質の溶解性が大きい。これに関連して、興味があるのはアルコールの一種であるノルマル－ブタノール（n－ブタノール）と、ターシャリ－ブタノール（t－ブタノール）の溶解性である。この二つのアルコールの分子量は同じであるが、分子の形は大いに異なる。すなわち、n－ブタノール分子は棒状、t－ブタノールは球に近い。そのためt－ブタノールはエタノールやメタノールと同様に任意の割合で水に溶けるが、n－ブタノールの方はほんの少ししか水に溶けない。

炭化水素は水と水素結合をしないのだから、水に溶けても何の作用もあたえないのだろうか。たとえばイオンの場合には、水分子の向きがひっくりかえったり、水分子の熱運動を速めたり遅くしたりする。炭化水素の水分子に対する作用は、イオンや極性基の作用とまったく異なる。

蛋白質や細胞膜の主な成分である脂質などの分子をみると、いろいろな炭化水素基が含まれていて、これらの疎水基は欠くことのできない大切な要素である。そうしてみると、水と炭化水素との相互作用は、生物にとっても大事なものに違いない。

◈エントロピーの減少

今のべたように、メタンやエタンなどの炭化水素はわずかではあるが水に溶ける。これらの炭化水素が水に溶ける時に、一モルあたり数キロカロリーの熱を発生する。アルコールが水に溶ける時とか、水が凍る時のように、水素結合ができる場合も発熱する。ところが炭化水素と水では水素結合はできない。

それでは、炭化水素を水に溶かす場合の発熱はどんな原因によるものなのだろうか。フランクとエバンスが詳しく研究したところによると、炭化水素が水に溶けると、その分子のまわりの水のエントロピーが減少することが発熱の原因であった。そこで炭化水素のまわりの水の状態について説明する前に、まずエントロピーについてのべなければならない。

エントロピーというのは、分子が乱雑に並んでいる程度を表す量である。これでは抽象的でわかりにくいので、いくつかの例によってエントロピーの概念を説明することにする。

図30(イ)では、結晶と、結晶が溶けて液体になった状態を表してある。結晶では分子が規則正しく並んでいるが、液体では分子運動が激しいので、分子は乱雑に並んでいる。それでエントロピーは液体の方が大きい。

図30(ロ)では、同じ分子数の気体（もちろん分子の種類も同じとする）を大きさの異なった容器

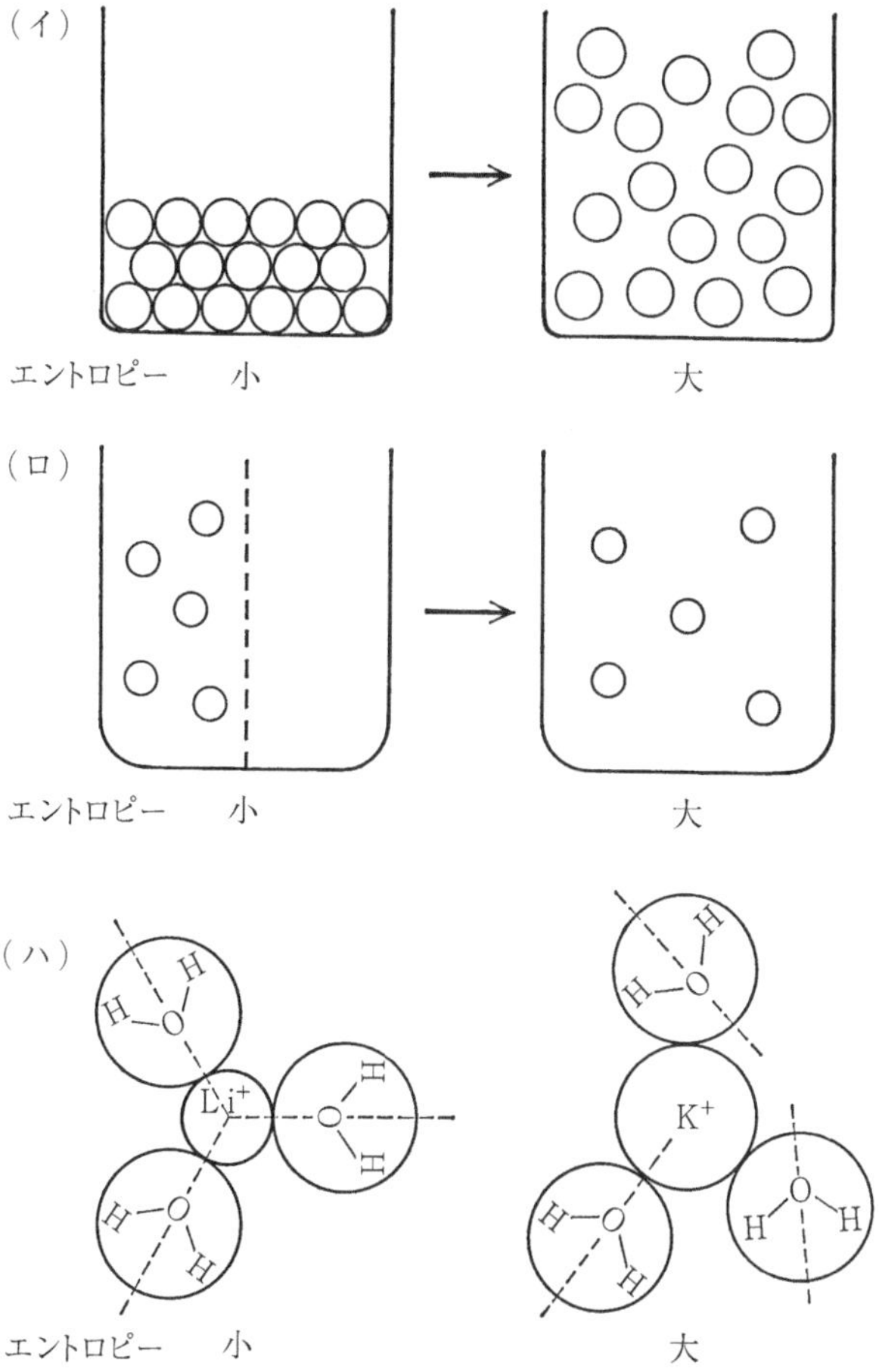

図30　エントロピーと分子の配列の関係

に入れた場合を示してある。容器の小さい方に入れた気体は、大きい方に比べて圧縮された状態にある。大きな容器に入っている方の気体分子は、動きまわる範囲が大きいので、エントロピーもこの方が大きい。これは少し理解しにくいかもしれないが、次のように考えるとよい。

容器を次第に小さくして、しまいには分子の動きまわる空間がほとんどないような状態にまでもっていったとすると（ピストンを使って圧縮したと考える）、ちょうど図30(イ)の結晶に似た状態になる。つまり分子の動きまわる空間が小さいということは、それだけ分子の自由度が小さいということを意味する。つまり乱雑の程度が小さく、エントロピーが小さい。

図30(ハ)はリチウムイオン（Li^+）とカリウムイオン（K^+）のまわりの水分子の配列を示している。水分子の向きは角HOHの二等分線によって表してある。Li^+イオンは水分子の運動を強く束縛しているので、水分子のマイナスの極（酸素原子）はすべてイオンの方を向いている。ところがK^+イオンのまわりの水分子は動きやすい状態にあるので、図に示すように水分子の配列はでたらめである。したがって、K^+イオンのまわりの水分子の方がエントロピーが大きい。

このようにして、エントロピーがわかれば、逆にその値から分子の配列についての知識をうることができる。第一章で、分子の状態は、配列と熱運動の強さの二つの量によって決まるとのべた。この意味で、エントロピーは非常に大事な物理量であるということが理解されるだろう。

そしてエントロピーによって議論する場合には、一般にその絶対値ではなく、二つの状態のエントロピーの差が問題である。たとえば、図30(ハ)では、Li^+イオンのまわりの水分子のエントロピーは、純水中の水のエントロピーに比べて小さい。
またある反応が起こる場合に、その反応はエントロピーが増加する方向に進む。

◎疎水性水和

炭化水素を水に溶かすと水溶液のエントロピーが減少する。もっと正確にいうと、炭化水素分子のまわりの水のエントロピーは、純水中の水のエントロピーに比べて小さいということである。

したがって、炭化水素分子のまわりの水分子の配列は、純水中に比べてもっと秩序だっていることを示している。水分子がどんなふうに並んでいるかは、残念ながらまだはっきりしていない。いえるのは、純水中よりもある程度規則正しく並んでいるということだけである。これだけでも非常に大事なことである。

この概念を初めて提案したフランクとエバンスは、疎水性分子のまわりに氷山ができているという比喩的な表現を使った。ところがこれが問題を混乱させてしまったのである。

ある人は氷山→氷→水の結晶というように考えを飛躍させ、疎水性の分子が水に溶けると、分子のまわりに氷のごく小さな結晶ができると思いこんでしまった。しかもこの誤解を本当らしく思わせる事実もある（以下にのべる気体水和物参照）。

今、何の証拠も示さず誤解という言葉を使った。水の中に氷の微結晶が存在するという概念は正しいだろうか。

第二章で、水と氷の違いを分子の熱運動と配列という二つの点からのべた。そこで疎水性分子のまわりの水分子の熱運動をしらべてみると、純水中よりもせいぜい半分程度遅くなっているにすぎない。氷では一〇〇万分の一もおそく、分子の熱運動に質的な違いがある。

このようにして、疎水性分子のまわりに氷の微結晶ができているという考えは、誤りであることがわかる。そして、疎水性分子のまわりの水分子のこのような状態を表すのに、疎水性水和という言葉を用いる。

◎疎水性相互作用

以上のべたように、自然の変化は全エントロピーが増加する方向に進む。もし炭化水素を適当な方法で、十分多量に溶かすことができるとすれば、エントロピーの減少も大きくなる。エントロピーが減少している状態は不安定で好ましいことではない。

炭化水素が何個か集まった状態を考える。図31のように、炭化水素分子が集合すると、その接触面のところにあった水分子は、そこから離れる。結果として炭化水素分子が何個か集まって、

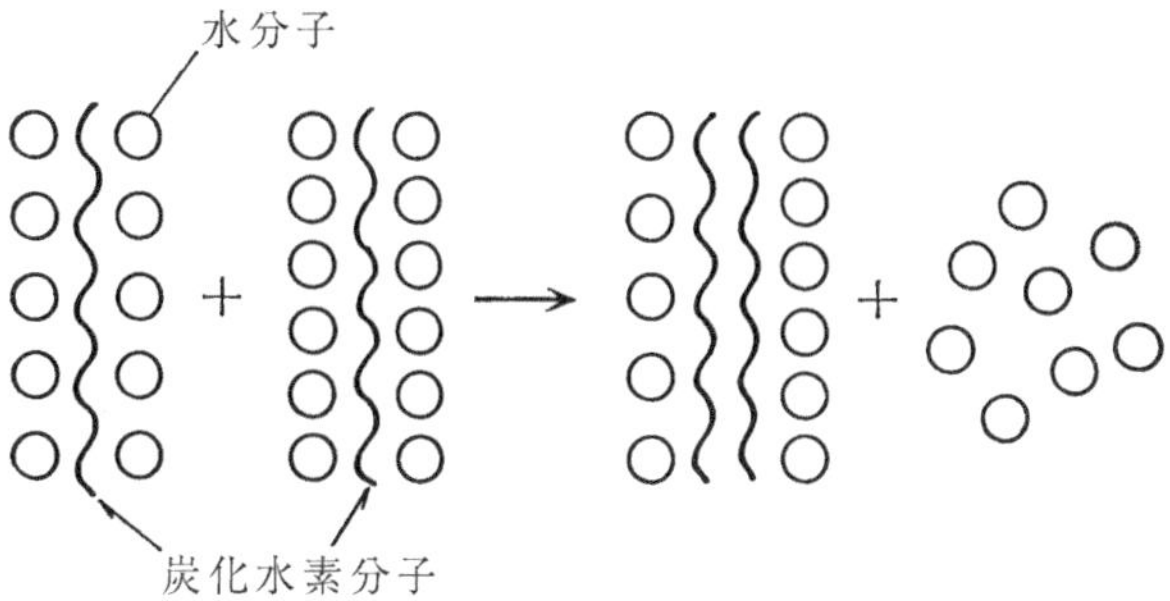

図31　疎水性相互作用

一つの塊になった方が疎水面が少ない状態になる。

　疎水面から離れた水分子はどうなるだろう。これらの水分子はお互いに集まって純水と同じ状態になる。そうすると、エントロピーについて考えると、炭化水素に接している水分子よりも、純水の方がエントロピーが大きいので、結局、炭化水素分子がばらばらになって水の中に溶けているよりも、何個か集まった方がエントロピー的に都合がよい、つまりこの方が安定な状態である。

　すでにのべたように、洗剤はある濃度以上になると、炭化水素の部分が水に接しないようなミセルをつくる（112ページの図28参照）。この方がエントロピー的に有利なのである。

　蛋白質は生体反応に直接関係のある重要な生体高分子であるが、その特別な機能を発揮するためには、一定の立体構造を保っていなければならない。蛋白質には炭化水素基（側鎖と呼んでいる）がたくさん含まれている。そしてこの側鎖の間の疎水性相互作用が、立体構造を保つのに大切な役割をなしている。

◎二〇度Cで凍るガス

天然ガスの輸送管は二〇度Cくらいの温度でも、氷ができるためつまることがある。なぜ二〇度Cのような比較的高い温度でも凍るのだろうか。実はこれは普通の氷ではなく、気体水和物の結晶である。

多くの無機塩類も結晶水和物をつくることが知られている。たとえば塩化マグネシウムは、$MgCl_2 \cdot H_2O$, $MgCl_2 \cdot 2H_2O$, $MgCl_2 \cdot 4H_2O$, $MgCl_2 \cdot 6H_2O$ のような結晶水和物をつくる。一般にこれらの結晶水和物の中に含まれる水分子の数は少なく、そして水分子と結晶内のイオンとの間には強い引力が働いている。

ところが気体水和物（またはクラスレート水和物ともいう）は、塩の結晶水和物と異なって、一般に結晶に含まれる水分子の数は多く、しかも気体と水分子の間にはごく弱い引力しか働いていない。

さて、ある気体を水に溶かして温度を下げると、その気体を含んだままで結晶ができることは、だいぶ以前から知られていた。たとえば、ファラデーは一八二三年に、塩素ガスを水に溶かして一〇度Cくらいまで冷やすと $Cl_2 \cdot 10H_2O$ という組成の結晶水和物ができることを見出している。その後研究が進んで、アルゴン（Ar）やクリプトン（Kr）、キセノン（Xe）のような不活性気体、あるいはメタンのような炭化水素やその他の疎水性の気体が結晶水和物をつくることがわかった。気体によっては、温度を下げるだけでなく、数気圧に圧縮しなければ気体水和物をつくらないものもある。

奇妙なことに、これらの気体と水分子との間には、ごく弱いファン・デル・ワールス力しか働いていない。たとえばアルコールのように、親水基をもっているとこのような水和物はつくらない。アルコールの水酸基の代わりに、水素原子で置き換えたエタンは水和物をつくる。つまり気体水和物をつくるためには、親水基のように水と強く相互作用をする基は邪魔物である。

これらの気体水和物の結晶構造は一九五〇年代にスタックベルグによって明らかにされた。その結果によると、二種類の結晶格子が存在する（図32）。Ⅰ型は結晶の単位細胞の大きさが、一二オングストローム、Ⅱ型は一七オングストロームである。Ⅰ型の格子は四六個の水分子を含み、Ⅱ型の格子は一三六個の水分子を含んでいる。

気体分子の入っている孔はⅠ型では一二面から一四面の壁をもち、Ⅱ型では一二面から一六面の壁をもっている。これらの面は正五角形または正六角形である。

水分子から組み立てられている格子の中に入っている気体分子（ゲスト分子と呼ぶ）は、孔の中で自由に動きまわっている。結晶形がⅠ型かⅡ型かはゲスト分子の大きさのみによって決まる。ゲスト分子は誰かがいっているように、籠の中の鳥のようなものである。この籠は水素結合

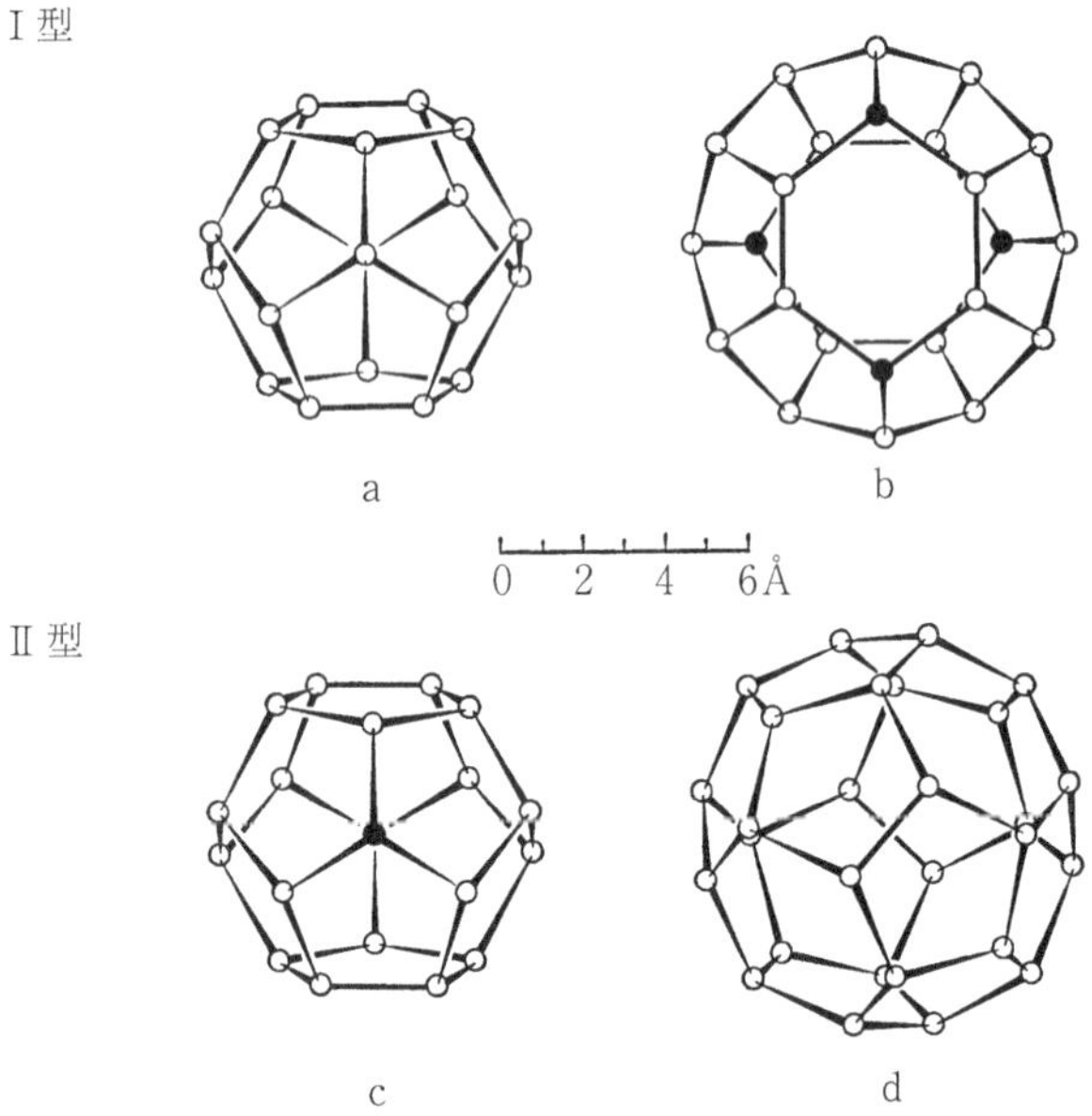

図32　気体水和物の結晶

でつながれた水分子によって組み立てられている。

別の見方からすれば、疎水性の気体は水との相互作用が弱いために、こんなにも多くの水分子を捕えてその動きをとめてしまうともいえる。疎水性気体が水に溶ける時、エントロピーが減少することは前にのべた。そこでは疎水性気体のまわりの水分子の配列はまだよくわかっていないといったが、一つの考え方として、水溶液でもこの気体水和物の結晶構造に似た配列をとっているというモデルを主張している人達がいる。しかし、強調しておくが、これは水分子の配列についてのみいっているのであって、水分子の滞在時間は別の問題である。

◎地球温暖化とクラスレート水和物

二酸化炭素による地球の温暖化が世界的な重要課題となっている。大気中の二酸化炭素の量を減らす方法の一つとして、クラスレート水和物として海底に沈めようという試みがある。二酸化炭素は二度C、約一気圧でI型（図32参照）のクラスレート水和物をつくるので、海底で安定に保つことができる。

I型のクラスレート水和物中のゲスト分子の濃度は約七モル／リットルである。二酸化炭素の水への溶解度は二五度Cで〇・〇五三モル／リットルであるから、クラスレート水和物をつくると二酸化炭素が一三二倍に濃縮されることになる。

シベリアの凍土地帯や日本その他の多くの地域の近海で二〇〇メートルより深い海底にメタンのクラスレート水和物が存在することがわかっている。この結晶水和物に火を近づけると、結晶の一部が溶け、メタンが発生して燃える。その熱でさらに結晶が溶け、メタンが出る。まるで氷が燃えているように見えるので、メタンのクラスレート水和物は燃える氷とも言われている。

石油に代わる燃料としてメタンを海底から採取する試みがなされている。一方、地球温暖化に伴いシベリアの凍土地帯の一部が融解しているという報告もある。その場合にメタンが発生する。メタンは二酸化炭素よりも温暖化効果が高い。したがって大気中のメタン濃度の増加は温暖化を一層早めることになる。

◎すきまの水

二枚のガラス板を水の中でぴったり合わせると、ガラス面に平行な方向に板をずらすことは容易であるが、板を引き離すためには相当大きな力を必要とする。デルヤーギンはこの力を分離圧と名付けた（この二枚の板は別にガラスである必要はなく、たいらであれば材質は何でもよい）。

このすきまの水は普通の容器に入れた純水とはかなり違う性質をもっている。たとえば純水よりも蒸発しにくく、また粘度も大きい。これらの性質はガラス板の間の距離によって変わり、十分離すと普通の水と同じになる。したがって、水の性質が異なるのは狭いすきまに入っているためである。このすきまの水は凍りにくい。堀はガラス板の距離を変えて氷点を測定し、図33のような結果をえた（堀の結果を少し描き変えてある）。

板の間隔が狭くなるにつれて、氷点は次第に下がり、〇・〇〇一ミリメートルでは零下一〇〇度Cくらいでも凍らない。

水の氷点は、物質を溶かすと下がる。たとえば、一〇〇グラムの水に砂糖三四・二グラムを溶かすと、氷点は零下一・八六度Cに下がる。これは氷点降下として知られる現象である。

ガラス板の間の水は純水で、ガラス板を十分に近づけただけでこんなに氷点が下がるのである。この現象は氷点降下と異なる原因によるものである。

ガラス面には極性基があるので、水分子は強くひきつけられる。ひきつけられた水分子は、一定の配列でガラス面をおおう。これらの配列した水分子の影響のため、ガラス面から二番目の層の水分子も配列する。しかし、個々の水分子は熱運動をしているので、配列の秩序はガラス面に直接接している第一層よりはよくない。ガラス面から離れるほど水分子の並び方の乱れは大きくなるだろう。これらの層をまとめて界面層と呼ぶことにする。

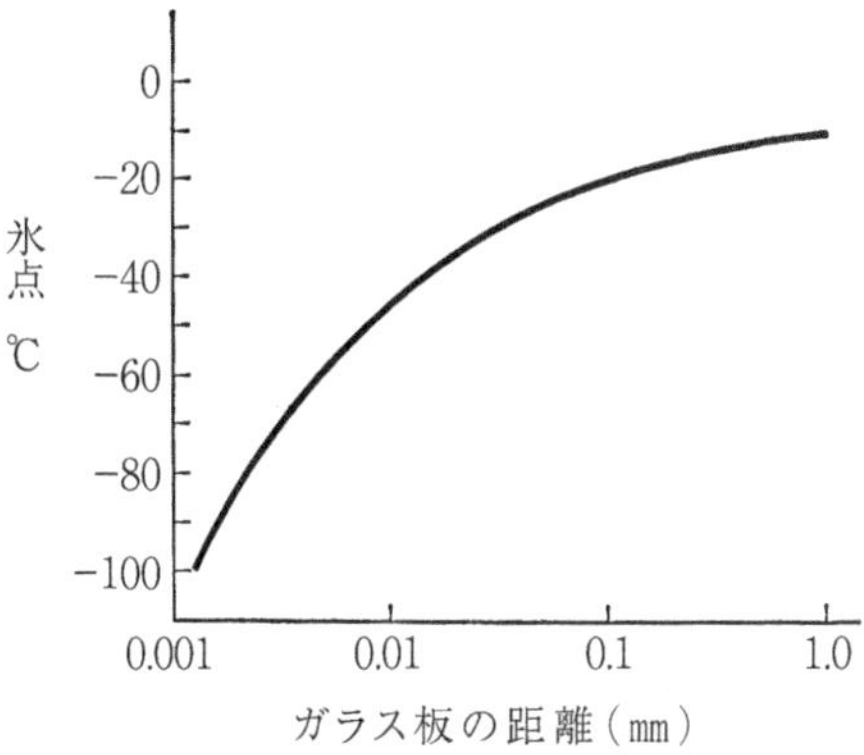

図33　ガラス板の距離と氷点との関係

界面層の厚さはガラスの種類や測定法によって異なるが、数百から一〇〇〇オングストロームといわれている。この層の水分子の配向は純水中と異なり、しかも熱運動も遅いので、凍りにくい状態にあると考えることができる（139ページの注参照）。

生物は細胞からできており、数百オングストローム程度の狭いすきまはたくさんあるだろう。したがって、こ

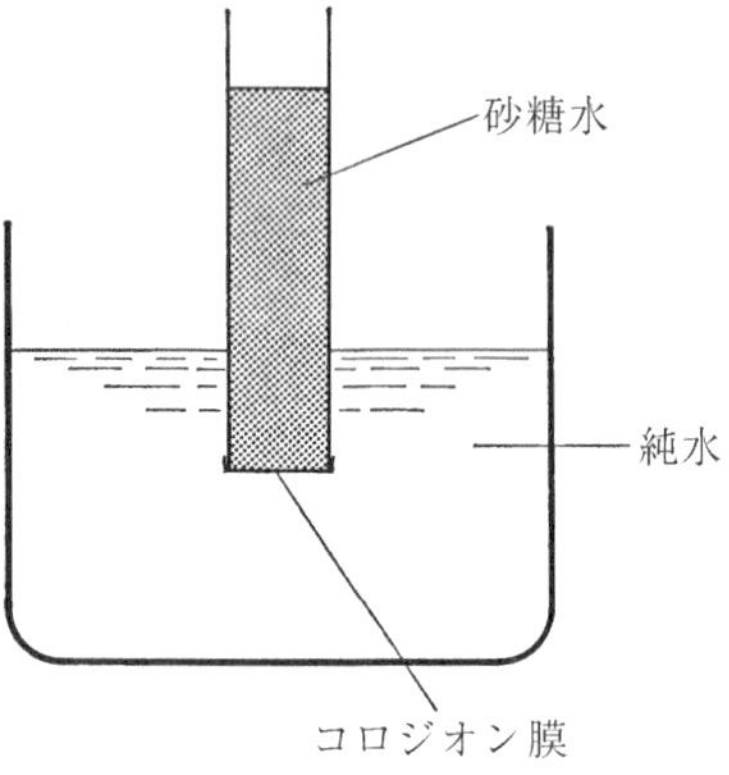

図34　浸透圧の実験

のようなすきまの水は同じように凍りにくい状態にある。

またこのようなすきまは土の中にも無数にある。この土壌の中の水の状態は、植物の生育にとって非常に大きな影響をあたえるだろう（第六章参照）。

◎浸透圧

図34のように、ガラス管の一端をコロジオン膜で包み、内側に砂糖水を入れ、これを純水の中につけると、水が砂糖水の方に移って液柱がある点まで昇るのが観察される。

水と砂糖水には圧力が働いており、そして水に加わっている圧力の方が大きい。コロジオン膜には小さな孔がたくさんあいていて、この孔は十分小さいため砂糖分子は通過することができず、もっと小さな水分子だけが自由に通過する。それで水と砂糖水に働いている圧力差のために、水は純水の方から砂糖水の方へ移動する。それゆえ砂糖水の液柱の高さに相当する圧力がこの圧力差に等しくなるところまで上昇する。このような現象を浸透現象といい、液柱の高さに対応する圧力を浸透圧という。

◈水の活量

浸透圧をもう少し定量的に考えてみよう。砂糖の濃度を変えて浸透圧を測ってみると、砂糖濃度がごく薄い範囲では、浸透圧は濃度にほぼ比例することがわかる（浸透圧が濃度に比例する溶液を理想溶液という）。

ところが、砂糖濃度を次第に濃くしていくと、浸透圧は濃度に比例せず、もっと大きな値を示す。理想溶液からのずれの程度は溶けている物質によって異なる。たとえば、水一〇〇グラムに砂糖三四・二グラム溶かした溶液と、水一〇〇グラムに麦芽糖三四・二グラム溶かした溶液の浸透圧は、二七気圧および二五・七気圧である。もしこれらの溶液が理想溶液であるとすれば、その浸透圧は二四・八気圧になる。このようにして、二つの溶液はいずれも理想溶液よりも大きな浸透圧を示すが、砂糖溶液の方がより大きい（これらの値はいずれも二五度Cの値である）。

これまでに濃度という言葉を何の説明もなしに使ってきた。ここでいっている濃度は、水一キログラムに溶かした溶質（今の例では砂糖または麦芽糖）の分子数である。第一章でふれたように、分子数の絶対値は大きすぎる数値なので、6.02×10^{23} 個を単位として、これを一モルと呼んでいる。

砂糖と麦芽糖は同じ分子量なので、今あげた例では、両方の溶液の濃度はいずれも水一キログラムあたり一モルである（1モル/kgH_2O と表す）。すなわち、二つの溶液の濃度は同じであるのに、浸透圧の値から判断すると、砂糖溶液の方が濃度が濃いようにみえる。なぜだろうか。水一キログラム中に含まれる水分子の数は、五五・五モルである。砂糖や麦芽糖を一モル溶かすと、実質的に一モルよりも多く溶かしたような働きをする。

この結果を説明するために、

(1)砂糖や麦芽糖の分子が一モル以上にふえた。

(2)水分子の数が減少した。

のいずれかを仮定すればよい。

ところで、物質の増減が実際に起こっているかどうかを確かめるには、溶かす前後の目方を測ればよい。実際に測ってみると、水一キログラムに砂糖三四二グラムを溶かすと砂糖溶液の目方は一三四二グラムとなり、物質の増減はない。したがって、先の二つの仮定はいずれも正しくない。

これでは、なぜ砂糖溶液や麦芽糖溶液の浸透圧が理想溶液の浸透圧より高いのかという事実を説明できないことになってしまう。

そこで(2)の仮定の内容をもっと詳しく考えてみることにしよう。(2)の仮定にしたがうと、砂糖一モルを溶かしたために、水分子が五モルだけ減ったとすれば、砂糖の実質濃度は一モルではなく、一・一モルになる（$\frac{55.5}{55.5-5} \fallingdotseq 1.1$）。

第三章でのべたように、水にある物質が溶けるとその分子のまわりの水分子の状態は、純水中の状態とは異なる。

砂糖溶液の場合には、砂糖分子のまわりの水分子は、砂糖分子の水酸基と水素結合をするので、束縛された状態にあり、熱運動が遅くなる。したがって、水分子の状態という見方からすれば、仮定(2)は妥当である。すなわち、減った水分子を、純水中の状態と異なる状態の水分子と考えればよい。この水分子を捕えられた水分子と呼ぶことにする。そして、捕えられていない水分子、つまり砂糖分子から離れていて、純水中の水分子と同じ状態の水分子を自由な水分子と呼ぶことにする。

ここで特に次の点を強調しておく。溶液中では、あらゆる分子が激しい熱運動をしているので、水分子はある時には捕えられた水分子になり、別の瞬間には自由な水分子となる。しかし、温度と濃度が一定ならば、自由水と捕えられた水の割合は一定である。

今、純水一キログラムのモル数（五五・五モル）に対する溶液中の自由な水分子のモル数の比を水の活量と名付けることにする。すなわち活量は実効濃度である。このようにして、水の活量によって、水分子との相互作用の強さを表すことができる。

今の例では、砂糖溶液の方が水の活量が小さいので、砂糖分子と水分子との相互作用が強い。砂糖溶液でも麦芽糖溶液でも水の活量は一よりも小さい。

それではどんな場合でも水の活量は一よりも小さいのだろうか。すなわち必ず捕えられた水分子が生ずるのだろうか。実はそうではない。第三章でのべた負の水和をするイオンまたは分子の溶液では水の活量はかえって、一よりも大きくなる。この説明のためには、水の構造についての詳しい知識が必要となるので、本書ではこれ以上立ち入らないことにする。

水の活量は溶液の性質を表すのに、非常に大事な量である。

◎浸透圧と生物

浸透現象は生物にとってきわめて重要である。たとえば、植物が根から水を吸い上げる主な原因の一つは浸透圧の差によるものである。植物の根の細胞膜は微妙な作用をもっていて、水分子よりも大きな分子も通過できるが、水の透過は浸透圧による。したがって、肥料濃度が高いと、俗にいう肥料焼けが起こる。これは根から外へ水がしみ出ることであって、これもまた浸透圧によるものである。

浸透現象のもう一つの大事な例として溶血をあげる。血液は不透明であるが、これを水でうすめると間もなく透明になる。これは次のような原因によって起こる。血液を水でうすめると、赤血球の外側の液の浸透圧が低くなるので、水が赤血球内に浸透し、血球が膨張し、ついに破れてヘモグロビンが溶け出す。この現象を溶血という。溶血すると、赤血球の生理的機能が失われる。

たとえば、手術の後に栄養補給などの目的で点滴を行なうことがある。この場合、血液に入れる生理的溶液は、まず第一に血球内の浸透圧と同じ浸透圧をもっていることが必要である（これを等張であるともいう）。

また人工腎臓の場合にも、透析液は等張でなければならない。

このように、血液に関する場合には、いつも浸透圧が問題になる。

グッドは溶血を利用して、動物の赤血球膜の強さをしらべた。それによると、ヒツジとかネコの膜は弱く、ウサギやモルモットの赤血球膜は最も強い。人の赤血球膜はこの中間である。

このような浸透現象は、水の活量によって左右される。

◎南極大陸の塩湖に生きるドゥナリエラ

南極大陸に塩湖がある。一九八二年頃南極探検隊員として越冬した綿貫知彦（当時神奈川県衛生研究所研究員）は、昭和基地の近くにある塩湖から、単細胞緑藻の一種であるドゥナリエラを採取してきた。

ドゥナリエラは長軸が七〜八マイクロメートルの楕円体で、前節についている二本のべん毛を動かして活発に泳ぎ回る（図35Ａ参照）。ドゥナリエラは九パーセントという濃い食塩水でも生きている。つまり細胞内の浸透圧は外液の高い浸透圧とつり合っているのである。

ドゥナリエラは動物の細胞と同じように細胞膜で包まれている。この細胞膜は非常に薄いので、顕微鏡でみるとミトコンドリアその他の細胞小器官がみえる。

筆者らはドゥナリエラに対する浸透圧の影響をみるために次のような実験をした。

ドゥナリエラを含んだ培養液をスライドグラスに滴下し、その上にカバーグラスをかぶせる。カバーグラスの一端に純水を滴下し、反対側からろ紙で液を吸い出すと培養液は純水で置き換えられて薄まり、浸透圧が低下する。そのためドゥナリエラ内に水が浸透し、膨れて細胞は丸くなる（図35Ｂ）。ついに、べん毛のついている部分が破れてそこから核などの細胞小器官が飛び出す（図35Ｃ）。

顕微鏡にハイスピードカメラを取り付けて観察したところ、細胞が最大限に膨れてから、それが破れて核が飛び出すまでに〇・〇一二秒経過した（上平恒・朝倉俊博、一瞬のアクロバット③、科学朝日一九九二年九月号一三二〜一三三頁）。

細胞が破裂するのは肉眼で見ると一瞬の出来事である。前ページで説明した赤血球の溶血も同

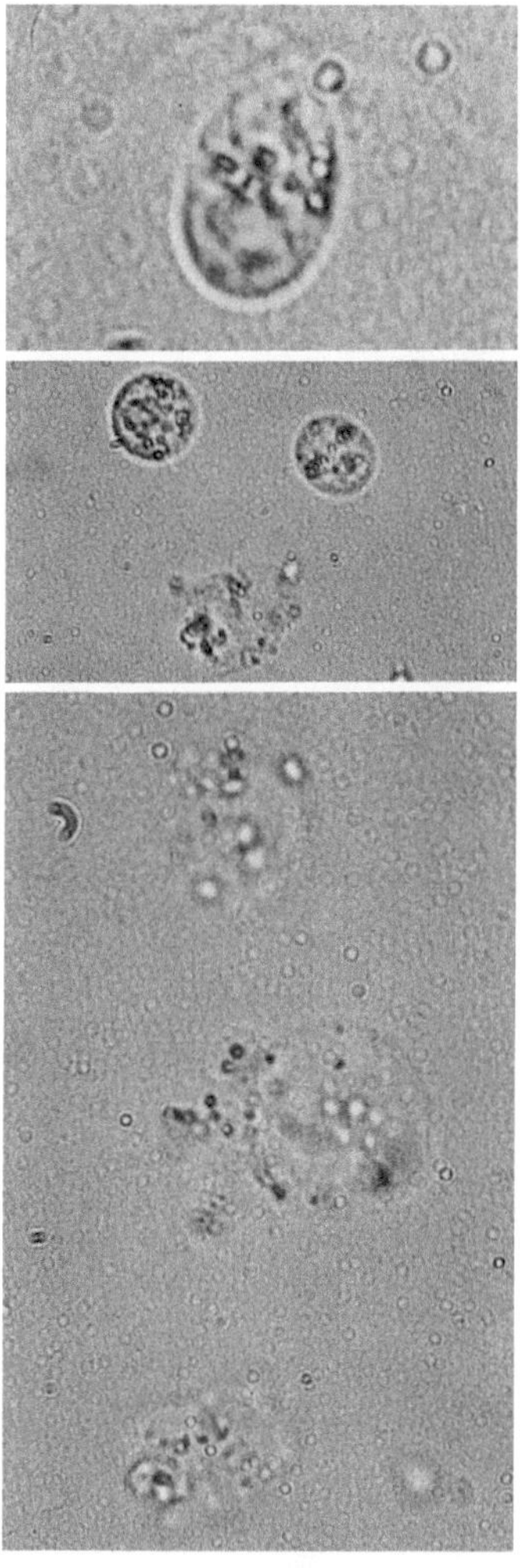

A　培養液中で運動しているドゥナリエラ。前部に２本のべん毛がある(写真では右側のべん毛は見にくい)。前部に核、ミトコンドリアなどの細胞小器官が集中している。葉緑体は後部に集中している

B　浸透圧差によって壊れた細胞と最大限にまで膨れた細胞

C　すべての細胞が壊れている。最大限に膨れた細胞が破裂して細胞小器官が飛び出すまでの時間は0.012秒である

図35　ドゥナリエラと浸透圧

じであろう。浸透圧差による圧力は非常に大きいことがわかる。

ドゥナリエラは塩湖の高い浸透圧に耐えるために細胞内に高濃度のグリセリンを貯えている。細胞は塩湖中の塩濃度変化に応じてグリセリンの量を変えることができる。

気温が下がって湖面が凍結すると、氷は塩類を含まないので結果として湖の塩濃度も高くなり浸透圧が高くなる。もし、細胞内のグリセリン濃度が一定ならば、細胞の浸透圧が相対的に小さくなるので細胞から水が出て行く。たとえばキュウリに塩を振りかけて重石を載せておくときゅうりから水が出てくるのと同じである。

ドゥナリエラ細胞内の高濃度のグリセリンはもう一つ重要な意味をもっている。グリセリンは凍結防止剤で、高濃度のグリセリン溶液はマイナス数十度C以下でも凍らない。

第七章で詳しく説明するように、マイナス一〇度C以下の低温になると細胞内の水が凍り細胞は破壊される。

ドゥナリエラは塩湖の高い塩濃度と零度C以下の低温という厳しい環境の下で生きるのに必要な最小限度の水を確保するために、高濃度のグリセリンを利用するという一石二鳥の防衛手段をもっている。

このようにドゥナリエラはきわめて魅力ある生物であるが、べん毛蛋白質の構造、それを動かすメカニズム、あるいは細胞膜の組成などについての分子生物学的諸問題はほとんど解決されていない。

129ページの注

すきまの中の水を考えると、すきまの中心部分は界面から離れているので、純水に近い状態である。零度C以下の低温になると、まずこの中心部分の水が凍って氷の結晶ができる。そしてこの氷は次第に界面の方向に成長してゆく。その際、水分子は氷の結晶構造に組み込まれるように回転してその配向を変える。しかし、界面に接している水分子の配向は氷の結晶構造と違っている。そして水分子間の力よりも界面と水分子との間の力の方が強いので、水分子を界面から引き離して氷の正四面体構造をとるように水分子を配列させることができない。つまり界面に接している水は凍りにくい状態にある。

122ページの注

マイクロプラスチックと疎水性相互作用

マイクロプラスチック（ＭＰ）の海洋汚染は世界的な問題になっている。ＭＰは疎水性であり、海中に分散している汚染物質は疎水性相互作用（ＨＩ）によってＭＰの表面に吸着される。生物の体内に吸収されたＭＰは、汚染の有無にかかわらず、体内の疎水部分にＨＩにより吸着される。たとえば、血液中に吸収されると、アルブミンに吸着される。アルブミンの本来の機能は、生体反応で生じた疎水性の老廃物を運搬し、体外に排出することである。したがって、アルブミンの機能はＭＰにより阻害され、生物に害を及ぼすことになる。

体内に大量のＭＰが吸収された場合には、内分泌系や免疫系に異常をきたすおそれがあるといわれている。

ここで疎水性と生命との関係について考えてみよう。タンパク質やＤＮＡは親水部分と疎水部分から作られている。その構造は、水に対して相反する性質をもつこれら二つの成分の微妙な組み合わせによって作られている。

したがって、疎水性は生命にとって、正と負の二面性を示す。

第五章　生体内の水

水は体中をかけめぐり瞬時も止まることなく、蛋白質、酵素、核酸などの生体高分子、あるいは細胞がうまく働いているかどうかを点検する。組織の乱れがあると、水はその情報を必要な箇所に伝えて元の状態にもどしてやる。

生命という壮大なドラマをうまくすすめるために、水は一人二役どころか数役をやっている。しかしなにかの原因でドラマの進行が大きく乱れると、もはや水の力ではどうしようもなくなる。時が止まると同時に、水はもっと自由奔放なふるまいをし、死が始まったことを告げる。

厳しい外界の条件の下で、生体内の水の運動が極端に遅くなると、生命はそこで活動をいったん停止し、すべてのものが芽ぐむ春のくるのを待つ。生命の躍動するところ、そこには水分子の活発な運動がある。

水は単細胞生物だからといって、手をぬくようなことはなく、人間だからといって特に念入りにふるまうということもない。その行ないにうそいつわりがない。古代中国人は君子を水にたとえた。

◈人は一日にどれだけの水が必要か

水は人の体重の何パーセントくらいあるのだろうか。大人では体重の六〇パーセント、新生児（分娩してから約二八日間までの赤ん坊）は八〇パーセントが水であるといわれている。だから体重五〇キログラムの大人は三〇キログラム、体重三キログラムの新生児では二・四キログラムが水である。生命の営みは地球上に生命が発生した時と同様に、進化した現在でも水の中で行なわれているといってよい。

それでは人は、体内で一日にどれくらいの水を使用するのだろうか。腎臓は体の中にたまった老廃物を処理し、きれいな水をつくる工場のようなものである。大人では、ここで一日に一八〇リットルの水が再生されている（一升びん一〇〇本分の水である！）。

一日に飲み物やあるいは食物の形で外から取り入れる水はせいぜい二・五リットルであり、また尿や汗などの形で体外に排出する水は、同じく二・五リットルであるから、結局一八〇リットルの水を供給するために、たえず体内をめぐっている水を腎臓で一日に六回ほど繰り返し再生して使っている勘定になる。人が生きるためにはこれだけ多量の水が必要なのである。

樹木は地中から水を吸いとって、それを空中に発散しているが、不思議なことにこの水の量はどんな種類の樹木でも一日あたり一九〇リットルで、成人の体内で再生される水の量とほぼ同じ量である。

表8　動物の体液中のイオン濃度と海水中のイオン濃度の比較

	Na^+	K^+	Ca^{2+}	Mg^{2+}	Cl^-
海　　水	100	3.61	3.91	12.1	181
クラゲ	100	5.18	4.13	11.4	186
ツノガメ	100	4.61	2.71	2.46	166
タ　　ラ	100	9.50	3.93	1.41	150
カエル	100	—	3.17	0.75	136
イ　　ヌ	100	6.62	2.8	0.76	139
ヒ　　ト	100	6.75	3.10	0.70	129

◎体液の組成

生物の体内の水は細胞外液と細胞内液の二つに大別される。細胞外液は細胞の外にある水であって、皮膚とかその他の適当な組織によって囲まれている。たとえば血液とか細胞間液などが外液である。植物の細胞外液は木質に含まれている。

細胞内液は細胞の中に含まれている水である。生命現象は細胞内で営まれるので、本章でのべるのは、主としてこの細胞内液の働きである。細胞間液は細胞内液の作用やその量を一定に保っておくために必要である。この際、水の移動には前章でのべた浸透圧が大事な働きをする。

さて、体液に含まれている主なイオンは、前にのべたようにナトリウムイオン（Na^+）、カリウムイオン（K^+）、カルシウムイオン（Ca^{2+}）、マグネシウムイオン（Mg^{2+}）、塩化物イオン（Cl^-）、重炭酸イオン（HCO_3^-）などである。いろいろな種類の動物の体液中のNa^+イオン濃度を一〇〇とした時の相対イオン濃度を比較してみると表8のようになる。

この表からわかるように、相対イオン濃度はMg^{2+}イオンを除いて、生物によってあまり違わず、海水の組成に近い。この結果は、原始生命が海の中で発生したという考えの主な根拠の一つになっている。

また、同じような動物の組織中の体液は、似たイオン組織をもっている。たとえば、両生類の体液のナトリウム塩化物の量は一〇〇ミリ・モル／リットル、また鳥類や哺乳類では一五〇ミリ・モル／リットルである。つまり生物が進化してさまざまな類に分かれたが、その時似かよった動物のグループは同じような解剖学的な特性をもっているばかりでなく、同じような機能を示す腎臓をもつように進化したのである。それで組成の似た体液をもっていると考えられる。

◎細　胞

すべての生物は細胞からできている。細胞はその種類によって形も大きさもさまざまであるが、機能と構造は同じである。細胞は生命の基本単位であるということができる。

細胞は柔軟な細胞膜（植物は固い細胞壁）で囲まれている。細胞は細胞質で満たされていて、その中に核、ミトコンドリアなどの細胞器官が分散している。そして細胞に含まれている主な物質は次のようなものである。水は全重量の七〇パーセントを占め、その他の主な成分としては、蛋白質、DNA、RNA、糖質、無機イオンなどがある。

生命反応は細胞で行なわれている。これらの反応は種々の成分の間のある秩序だった相互作用によって起こる。各成分は同時に水とも相互作用（水和）をしている。

これまでにのべてきたように、水和は水に溶けている成分の種類によって特有な状態を示す。細胞の生命活動とこのような水分子の応答との関係について述べよう。

◎蛋白質の構造

生体高分子と水との作用の前に、まず生体高分子の高次構造についてふれなければならない。ここでは生体高分子の代表として、蛋白質をとりあげることにする。

蛋白質は種々のアミノ酸が一列につながってできた（縮合）高分子で、

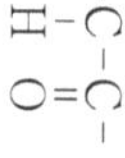

で表される単位が繰り返しつながって、一本の鎖のようになっている（図36(イ)）。ここでR_iを側鎖と呼び、アミノ酸の種類によって決まる特有の基である。たとえば、アラニンというアミノ酸ではR_iは$-CH_3$基であり、スレオニンというアミノ酸では $-CH<^{OH}_{CH_3}$、アスパラギン酸では

$-CH_2-COO^-$ というように、疎水基や極性基、解離基などのいろいろな基がある。

蛋白質分子の形は、これらのアミノ酸が直線状になってまっすぐにのびた形をしているのではなく、もっと複雑なある種の秩序をもった形をしている。

この秩序構造を表すのに、普通、一次構造、二次構造、三次構造などという表現を用いる。そして二次構造以上を高次構造という。

一次構造というのは蛋白質を組み立てているアミノ酸の順番である。この順番は蛋白質の種類によって決まっている。

一次構造ができあがると、蛋白質の鎖に含まれている -NH 基と -C=O 基の間の水素結合によって、コイル状になる。その様子を図36(ロ)に示す。これが二次構造である。

蛋白質分子はコイル状に渦巻いた真っ直ぐな円筒ではなく、適当な箇所で折り曲げられ、全体として丸まったような形をしている。これを三次構造という（図36(ハ)）。そして蛋白質がその機能を発揮するためには、生体内である特定の三次構造を保っていなければならない。三次構造は一次構造によって決められる。

この三次構造がこわされるか、あるいは変形したり、または蛋白質分子が何個か集まって一つの集合体をつくったりすると、その蛋白質はもはや分子特有の働きを示さない。したがって、一定の三次構造を保っていることは、きわめて重要なのである。

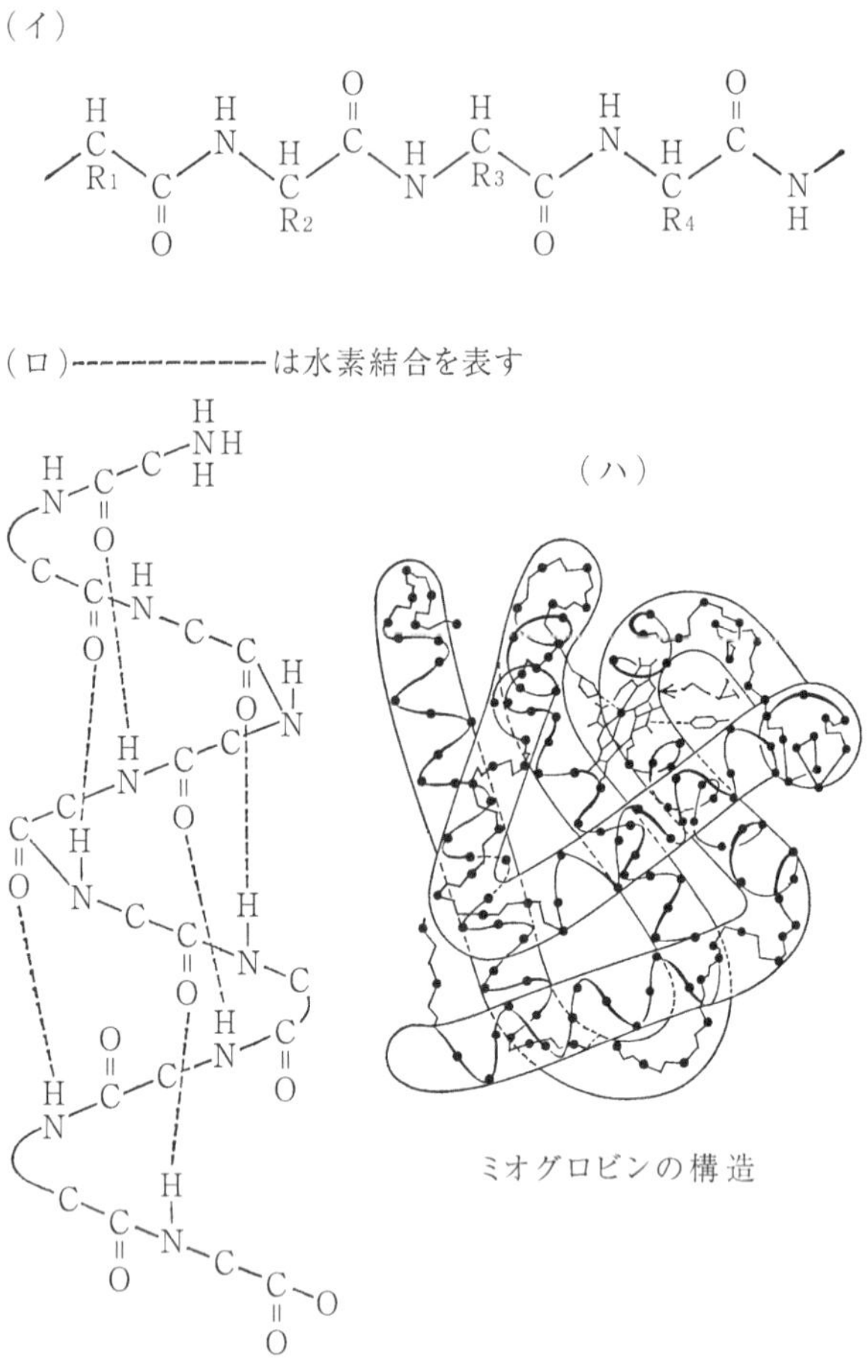
(イ)
(ロ)------------は水素結合を表す
(ハ)
ヘム
ミオグロビンの構造

図36　蛋白質の構造

高次構造は比較的弱い力で保たれているので、条件を適当に変えると容易にこわれるか、または変形する。この状態を変性という。変性は蛋白質溶液を熱したり、電解質を多く加えたり、あるいは尿素のような物質を加えると起こる。本来の状態の蛋白質を未変性の状態と呼んでいる。

◎三次構造と疎水性相互作用

蛋白質の三次構造を保っている原因の一つに疎水性相互作用がある。先にのべたように、アミノ酸の中には疎水性の側鎖をもっているものがある。

すでに第四章でふれたように、疎水基のまわりの水分子は純水よりもエントロピーの低い状態にあり、そのために疎水基同士が集合して、疎水面が少なくなる方が都合がよい。蛋白質分子が折れ曲がって球状になるのも、疎水性相互作用によって疎水性の側鎖がお互いにできるだけ多く接触するからと考えられる。

蛋白質の構造はX線解析によって、はっきりと知ることができる。その結果によると、蛋白質分子が丸まった形をとる時に、疎水基同士ができるだけ多く接するような配置をとっている。

X線解析は蛋白質分子が集まって結晶となった状態について行なわれている。その際、結晶内の蛋白質分子の状態と、生体内で蛋白質がそれ特有の機能を発揮している状態とでは異なるのではないかという意見があった。

しかし現在では水溶液中の蛋白質の構造を多次元NMR解析によって知ることができるようになった。その結果、溶液中の構造は結晶構造と同じであることがわかった。このようにして、疎水性相互作用は、蛋白質の高次構造を保つために、水素結合と同じように重要であることが確かめられたのである。

◈蛋白質構造内部の水分子

蛋白質と水との相互作用は二つに分けて考える必要がある。

蛋白質の高次構造の内部にはいくつかの空孔があり、その空孔のあるものは中に水分子を含んでいる。内部の水分子の蛋白質一分子あたりの総数は一個から数十個である。たとえば図36(ハ)のミオグロビンではヘム付近の空孔に一個の水分子が含まれている。構造の内部に全く水分子を含まない蛋白質もある。

蛋白質の疎水性空孔内の水について一九九五年頃からNMRによって詳しい研究が行なわれている。

空孔内の数個の水分子は水素結合で結ばれている。これらの水分子は蛋白質内部に閉じ込められ外部から孤立しているのではない。蛋白質の側鎖や水分子の熱運動によって10^{-6}から10^{-7}秒のオーダーで外部の水分子と交換している。

これらの水分子は蛋白質の高次構造を形成するのに欠くことのできないものである。その意味で最近は水分子はアミノ酸と同様に蛋白質構造の基本要素であると言われている。

◎蛋白質の水和量

次に蛋白質表面の水について考えよう。

前述のように蛋白質内部には疎水基が多く、表面にはカルボキシル基や水酸基のような親水基が多く存在する。また、割合は少ないが疎水基も露出している。

蛋白質表面の水分子の状態を考えるにあたって、イオンや低分子の場合と同様に、蛋白質表面に直接接している水分子の数（水和量）を知る必要がある。水和量は結合水量とも呼ばれている。

生体高分子の水和量を測定する方法は、低分子の場合と同じである。たとえば、蛋白質に接している水分子の状態は純水中の水分子の状態と異なるので、熱力学的性質も当然異なる。それゆえ蛋白質水溶液の熱容量のような熱力学的性質を測定して、蛋白質の水和量を決めることができる。一例を表9に示す。表の結合水は、水分子の数ではなく、乾燥した蛋白質一グラムあたりにくっついている水のグラム数で表してある。また表には結合水の水和層の厚さもあげてある。水分子の直径は二・八オングストロームであるから、この表の結果によると、この層は約一分子の

表9　蛋白質の結合水

蛋白質	水のグラム数/乾燥蛋白質1グラム	水和層の厚さ(Å)
セラムアルブミン(血液中にある蛋白質)	0.315	3.2
卵白アルブミン(卵の白身の蛋白質)	0.323	3.4
ヘモグロビン(赤血球内にある蛋白質)	0.324	3.8

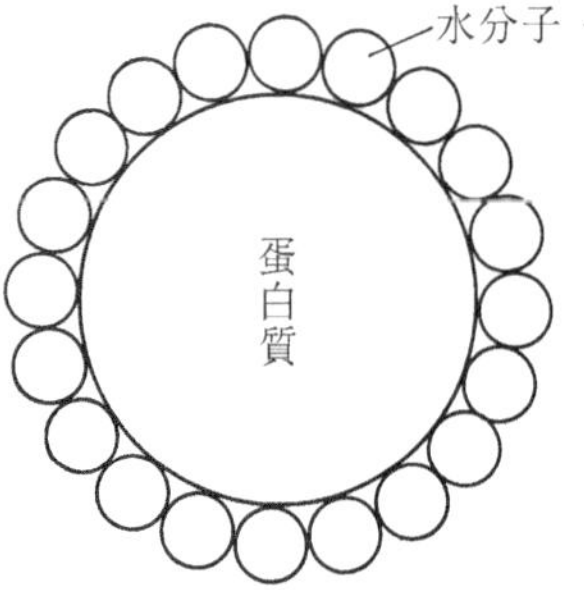

図37　蛋白質の結合水

厚さである。最近は蛋白質の高次構造がわかっている場合にはコンピュータによって計算できるようになった。

結局、結合水の量から計算してみると、これらの蛋白質は、その表面をすきまなく水分子でおおわれており、その層の厚さは、一分子の厚さということになる(図37)。

◎三重の水に取り囲まれた蛋白質

さて、こうして求めた結合水の量からは、蛋白質にくっついている水分子の運動状態についての具体的な情報を引き出すことはできない。そのためには別の測定法が必要である。

分子の熱運動を知るためには、誘電分散や核磁気緩和法などがある。これらの方法によって、水分子の回転運動の速さを知ることができる。その結果によると、蛋白質のまわりには二つの異なった状態の水分子が存在する。

その一つは蛋白質にくっついている水分子で、その回転運動の速さは10^{-10}秒であり、この層の厚さは一分子層である。この層の水は、表9と図37に示した、熱的方法で求めたのと同じ状態の水である。第二の状態の水は、この層の外側にある水で、水分子は10^{-11}秒くらいの速さで回転運動を行なっている。この二番目の層の厚さは、せいぜい二〜三分子層の厚さと考えられる。

ここでいう回転運動というのは、これまでもしばしばふれてきたように、コマのように一方向に回転している運動のことではなく、回転振動を意味している（20ページの図3参照）。

これらの様子を描くと、図38のように表される。右の第一、第二の状態を仮にA層、B層と呼ぶことにする。図でC層というのは、純水と同じ状態である。水溶液中の蛋白質は、このように、A、B、C層の水で三重に取り囲まれている。そしてB層の厚さは、条件（温度、圧力、あ

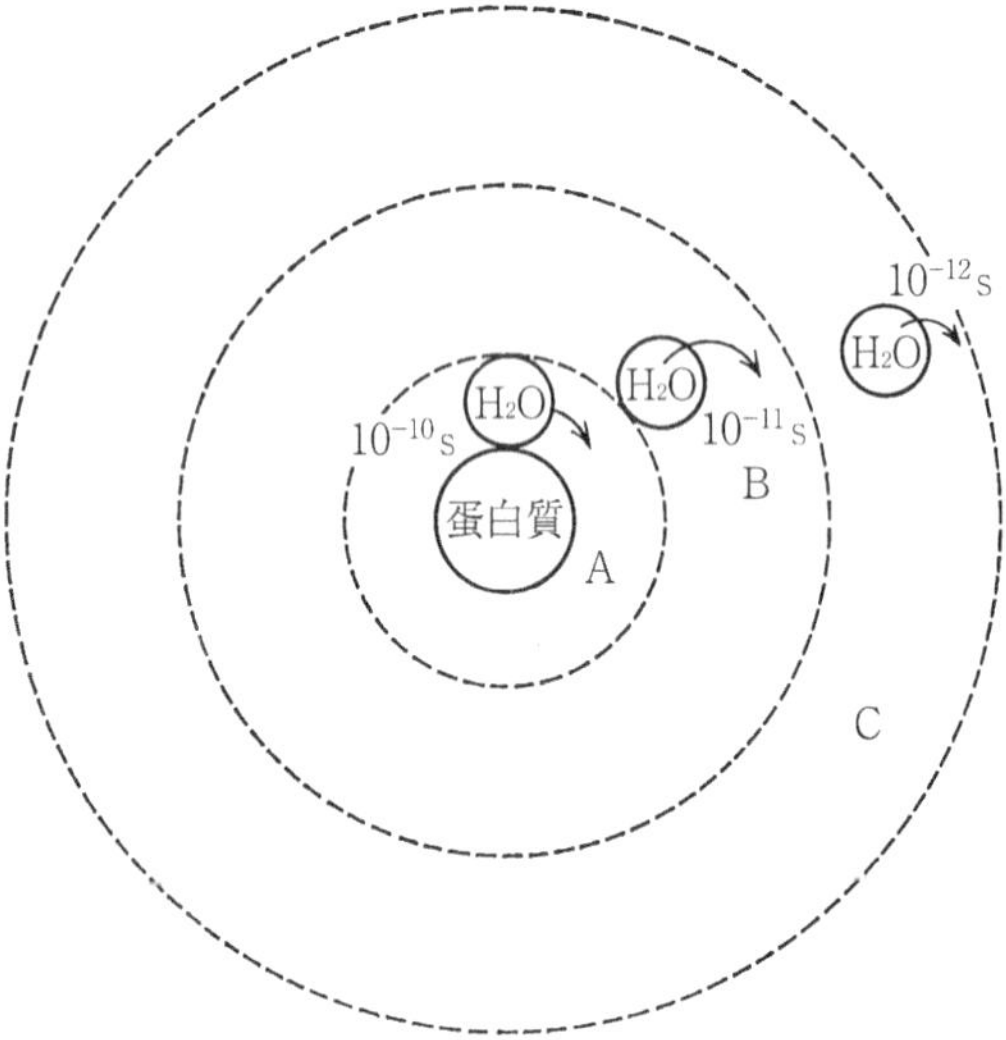

図38　蛋白質のまわりの水の状態

るいは電解質とか尿素を加えること）によって変化する。

なお、A層の水分子はある時間の後に、B層の水分子と交換し、そしてB層の水分子はC層の水分子と交換する。その時の並進運動の速さは回転運動の速さと同じくらいである。

純水中の水分子の熱運動と比べてみると、A層の水は一〇〇分の一、B層の水でも一〇分の一くらいに運動が遅くなっている。蛋白質をつくっている個々のアミノ酸分子のまわりの水分子の運動は、純水に比べてせいぜい三分の二くらいの速さである。それなのに、これらのアミノ酸がつながってできた蛋白質のまわりの水分子の運動はなぜこんなにも遅いのだろうか。アミノ酸が数十個から数千個結合して、蛋白質になったために、水分子の運動に質的な違いが現れた。この原因は蛋白質そのものの中にひそんでいるはずである。

　蛋白質の表面をみてみよう。蛋白質の構造でふれたように、表面には解離基や極性基が多い。これらの基がたくさん集まると、水に対する作用は、それぞれの基が単独に存在する場合（低分子のように）よりもはるかに強くなる。

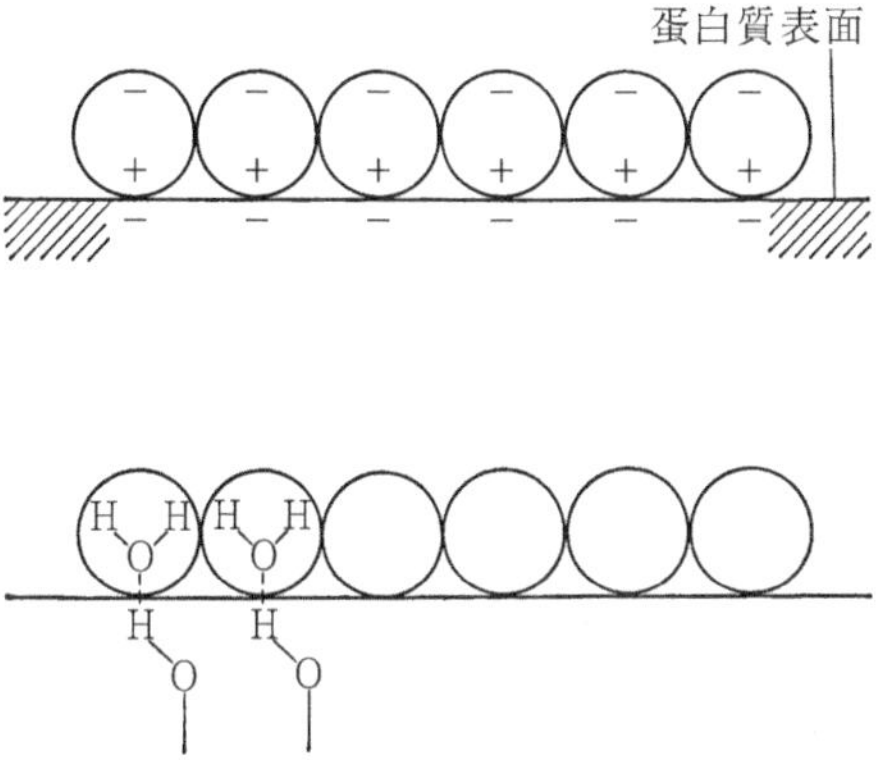

図39　蛋白質表面の水の状態

　これらの基の一つ一つに水分子は静電的な力あるいは水素結合によって捕えられている。その様子を図39に示す。これらの水分子は、ちょうど、一面にすきまなく蛋白質表面をおおっているのであるから、隣の水分子との間にも相互作用が働き、水分子の個々の運動を妨げる。これを協同作用という。

　そのために、A層の水分子の熱運動は極端に遅くなる。A層の水分子がこのように規則正しく並んでいるので、それに隣りあったB層の水分子も同じように運動が束縛されるが、その程度はA層ほどではない。B層の厚さは、A層の水分子の配列の程度によって決まる。以上が蛋白質のまわりの水分子の運動が純水中と大きく異なる理由である。

◎蛋白質生合成と水分子の働き

次に蛋白質が生体内でつくられる過程と水との関係について考える。蛋白質の一次構造の生合成は次のようにして行なわれる。すなわち、メッセンジャーRNA（m-RNA）にリボソームが結合し、その上を動きながら、m-RNAのもっている遺伝情報を読み取り、それにしたがって蛋白質の鎖がつくられていく。そしてリボソームがm-RNAの端までいくと、はずれて新しくつくられた蛋白質を遊離する。このようにして蛋白質の一次構造がつくられる速さは、分子量（すなわち蛋白質をつくっているアミノ酸の数）によって異なるが、数秒から二〜三分といわれている（図40）。

そしていつ蛋白質の三次構造ができあがるかは、よくわからないが、ほぼ九分どおり合成されるより前ではないだろう。

一次構造合成の過程で、一個のアミノ酸が結合するごとに水分子一個が生成する。この水分子はまわりの水の中に溶けこんでさっそく活発な熱運動を展開する。

アミノ酸同士が結合すると、-CONH- というペプチド基が生ずる。このペプチド基の間の水素結合によって蛋白質の二次構造がつくられるのであるが（148ページの図36(ロ)参照）、都合のよ

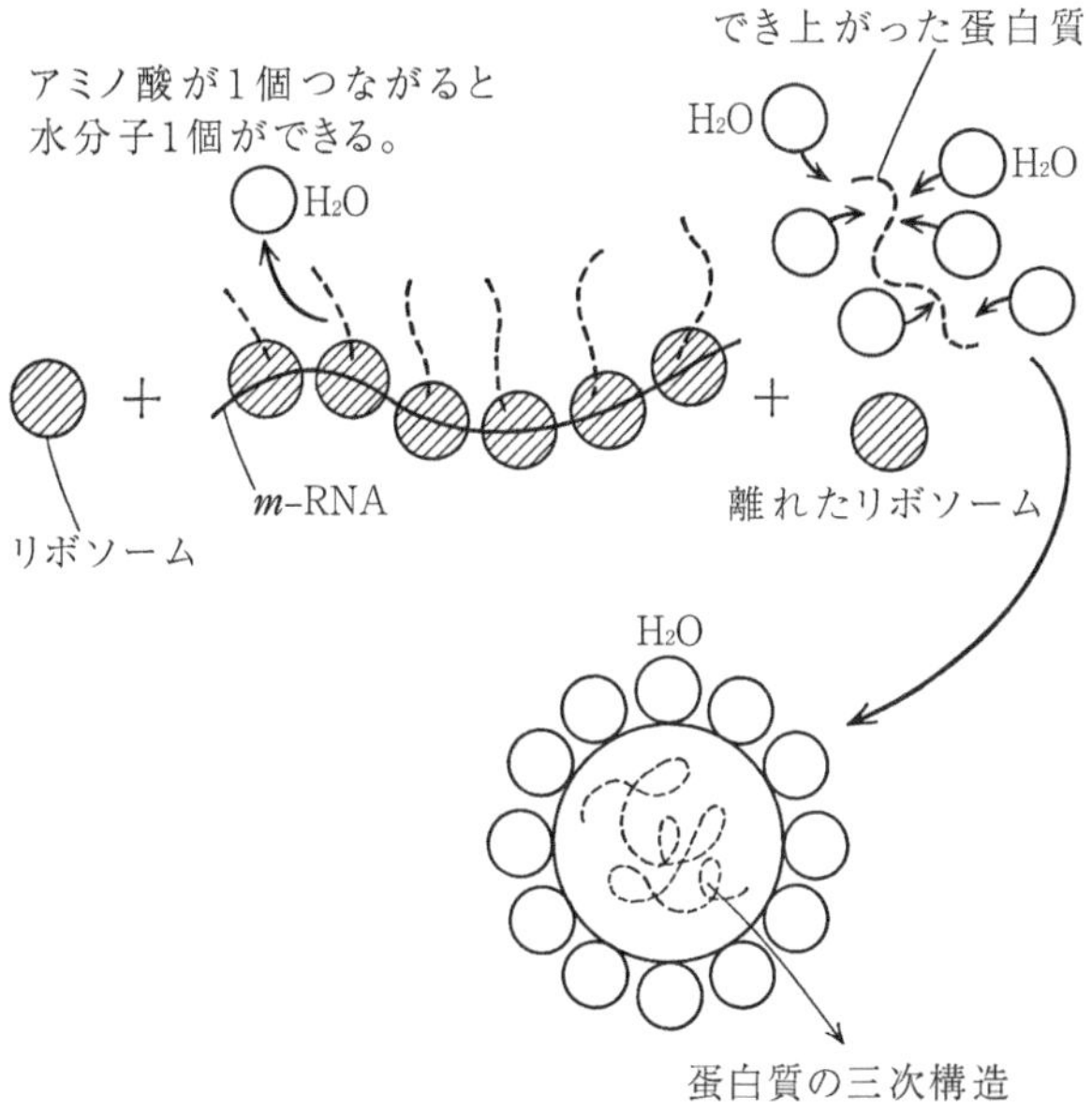

図40　蛋白質の生合成と水和

いことに、このペプチド基のまわりの水分子は、むしろ純水中よりも、少しばかり活発な熱運動を行なっている。すなわちペプチド基は負の水和をしている（ペプチド基と水分子は水素結合をつくりうるにもかかわらず！）。

それで生体内で合成された蛋白質がリボソームから離れた瞬間に、きわめて短い時間で二次構造から三次構造へと進み、その特別な働きを発揮するために都合のよい形をとるが、その過程でペプチド基と水分子との間の相互作用は何の障害にもならない。

もしペプチド基に水分子が強く

結合しているとすれば、この水分子を取り除いて、別のペプチド基との間に水素結合をつくるためには、大きなエネルギーを必要とするので、もっと長時間かかる。したがって、生体内には機能を発揮できない蛋白質も存在するようになるだろう。これは生物にとって好ましい状態ではない。

このようにして、蛋白質が丸まった形（三次構造）になると、それまでそのまわりを猛烈な勢いで飛びまわっていた水分子が、いっせいに蛋白質に飛びついて、ほとんど瞬間的に蛋白質の表面を水の膜でおおってしまう。これが図38（154ページ）のA層である。

A層の水分子は、長い時間（純水中の水分子の熱運動を基準にして）、一定の配列を保っているので、A層に接しているB層の水分子の運動はその影響をうける。つまり水分子を一定の方向に配列させようとする力の作用をうけて、水分子は動きにくくなる。しかし、蛋白質に接しているA層の水分子ほど束縛はされない。このようにして、蛋白質は、かたい水の殻とその外側の弾力性のあるおおいによってかこまれている。

蛋白質が水の中に溶け、安定な状態で存在することができるのは、一つにはA、Bの二層の水のおおいのおかげである。適当な物質（たとえばアルコール）を加えてこれらの層の水をとってしまうと、蛋白質はかたまって沈澱する。つまりA、B二層の水は、蛋白質を保護する役目をしている。生物物理学者のプリバロフは、蛋白質は水のシューバ（毛皮のオーバー）に包まれていると表現している。

◎蛋白質を守る構造化した水

蛋白質のまわりのA層とB層の水分子の熱運動は純水中よりもはるかに遅い。またその並び方も純水とは異なっている。

純水は零度Cで凍る。それでは、蛋白質水溶液は何度Cで凍るだろうか。溶液が何度で凍るかをみるためには、普通は温度計を入れて、凍った時の温度をみればよい。しかし、蛋白質の溶液の場合には、この方法ではC層の水の氷点しかわからない。それで、A層やB層の水の氷点をしらべるには、前にのべた比熱や核磁気緩和法、誘電分散などの方法によらなければならない。

その結果、B層の水は零下一〇度C、A層の水は零下八〇度C以下で凍ることがわかった。すなわち、これらの水は非常に凍りにくい状態にある。

その理由は、水分子の並び方と熱運動の程度が純水と異なる点にある。これらの測定は一気圧の下で行なわれた。一気圧の下では、水は零度Cで氷になるが、その時の水分子の配列の仕方は正四面体の配列をとる。A層とB層の水は純水に比べゆっくり運動している上に、配列も異なるので正四面体の配列をとりにくい。

低温の水には、一般に固体や液体は溶けにくい。A層とB層の水は、熱運動という点からみると、低温の水と似ている。そのためこの部分には電解質が溶けにくい。

次に水の保護作用についてのべよう。分子によっては、まわりの水分子の熱運動をかえって激しくするものがあることはすでにのべた。生物と関係の深い分子の中には、K^+イオンやCl^-イオン、尿素などがある。尿素は食物の蛋白質が動物の体内で分解される際に生ずる。

尿素を大量に溶かした水溶液では、水分子の熱運動が純水中よりももっと活発になる。それで、蛋白質水溶液に尿素を多量に溶かすと、B層の水分子は尿素分子の作用によって、運動の速さが10^{-11}秒から10^{-12}秒に増加する。そのため、A層に対する水分子の衝突の頻度が増し、結果として蛋白質分子は水分子の激しい運動にさらされる。

このような状態では蛋白質はもはや本来の三次構造を保っていることができず、ばらばらにほぐれてしまう。尿素の量がもっと多いと、ペプチド基間の水素結合もきれて、完全にほどけた状態になる。すなわち変性が起こる。変性した蛋白質は一次構造は変わらないが、本来の機能は示さず、その個性を失ってしまっている。透析のような方法で、尿素だけを取り除くと、蛋白質はまたもとの三次構造に復元し、特有の機能を発揮するようになる。

蛋白質以外の生体高分子、たとえばＤＮＡや多糖類についても、そのまわりの水はほぼ似た状態にある。これらの生体高分子が生体内で安定な状態にあるのは、このような水の層に取り囲まれているためである。この水はきわめて構造化した状態にあるため、外界の温度変化による刺激を和らげる。

変温動物や植物は外界の温度によって体内の温度が左右される。たとえば魚などはごく短時間で体温が一〇度C以上変わることがあるだろう。そのため、蛋白質やＤＮＡが変性を起こしたとすれば、これらの動物の生命活動は好ましくない影響をうける。あるいは突然変異によって奇形を生じる可能性がある。しかしながら蛋白質やＤＮＡは構造化した水によって保護されているので、温度変化に対しては強い抵抗性をもっており、普通に起こる気温や水温の変動ではこのような事態は起こらない。

蛋白質やＤＮＡは、電解質や今のべた尿素によって変性する。これまでにしばしばのべてきたことからわかるように、ある分子の水に対する作用は、ごく大ざっぱにいうならば、水分子の熱運動がどう変わるかということに帰着する。別の言葉でいえば、水との作用を温度という物差しで表すことができる。バナールとファウラーは構造温度という言葉を用いている。

この表現によれば、正の水和をする分子は構造温度を下げ、負の水和をする分子は構造温度を上げる。

したがって、生体高分子のまわりの水は、変性を起こす物質に対しても保護作用をもっていることが理解されるだろう。生体内のイオンやいろいろな物質はある平均濃度を保っている。しかしその濃度は局部的には変動している。また水を一時的に多量にとるとか、急激な運動、病気などの場合に、イオン濃度は平均濃度からずれることがある。この程度の変動に対しては、水の保護作用によって、生体高分子は悪い影響をうけることはない。

このようにして、A、B二層の水の保護作用は、主として水分子の熱運動に関係している。したがって、水分子の熱運動に直接関係のない外界の作用に対しては、無力である。

蛋白質、DNAは温度変化に対して抵抗力をもっているが、蛋白質、特にDNAは光に対して弱いのはこのためである。光あるいは放射能は、まわりの水を通して直接これらの生体高分子に作用し、分解によって一次構造までも変えてしまう。

◎酵素反応と水和

化学工場では、数百度C、数百気圧という高温高圧でいろいろな物質を合成したりあるいは分解するという操作は珍しくない。このような化学工場に比べると、生物の体内は温度はそれほど高くなく、また大体一気圧であるから、きわめておだやかな環境である。この中で分解や合成、酸化、還元などの複雑な化学反応が容易に行なわれるのは、主として酵素の働きによる。

酵素は球状蛋白質で、生体反応の触媒をする。酵素分子の触媒作用は分子表面から深くくぼんだ形（クレフト）の活性部位で行なわれる（図41）。クレフト内の水分子は強く構造化してお

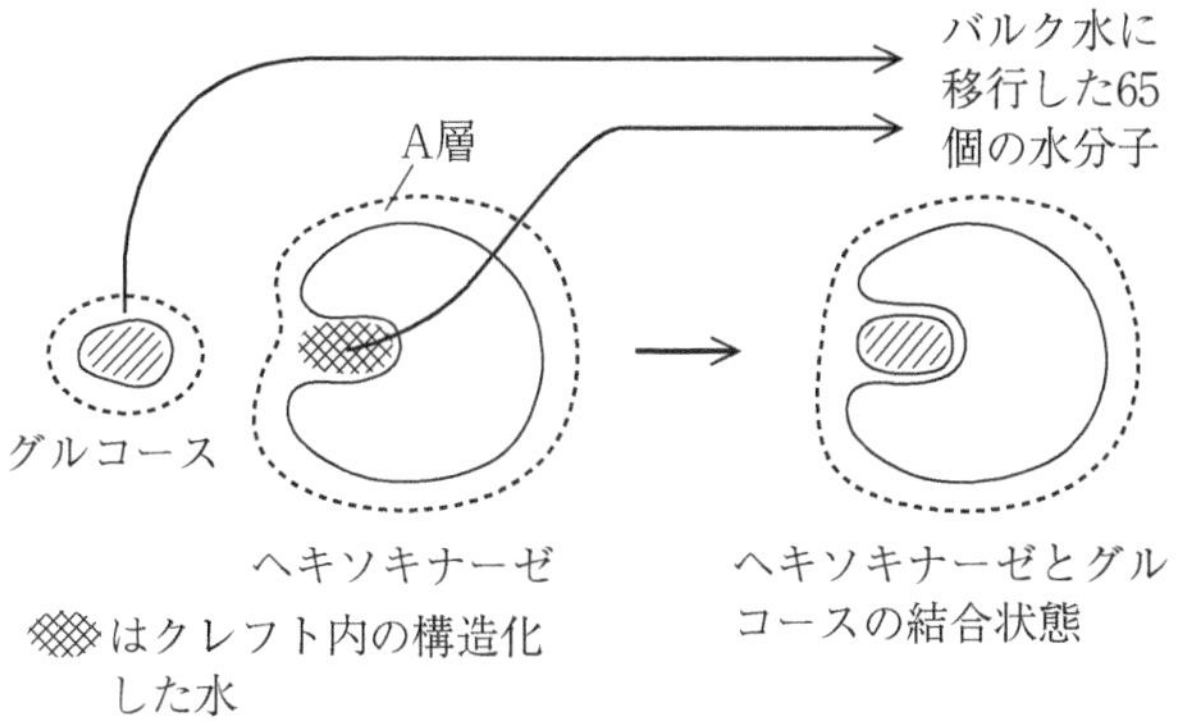

ヘキソキナーゼとグルコースの結合はクレフト内で起こる。その際クレフト内の構造化した水とグルコースの水和水が脱水和し、全部で65個の水分子がバルク水に移る。

図41　ヘキソキナーゼとグルコースの結合の水和モデル

り、お互いに場所を交換しながら移動している。そして10^{-7}〜10^{-8}秒のオーダーでバルク水と交換している（ヴィースナーら、一九九九年）。

触媒作用を受ける物質（基質という）が近づくとクレフトが少し広がって基質と結合しやすい状態になる。そしてクレフト内の水分子は基質と入れ換わりバルク水（154ページの図38のC層）になる。同時に基質の水和水もバルク水になる（脱水和）。

たとえばヘキソキナーゼという酵素がグルコースと結合すると六五個の水分子が自由なバルク水に移行する（ランドら、一九九三年）。この反応に伴う水分子の移行を図41に示す。

第四章でのべたように、構造化している水はバルク水に比べエントロピーが低い状態にある。図41の反応では、六五個の水分子がバルク水の状態に移るので、系のエントロピーが増加し、熱力学的に有利であると言うことができる。

◎イルカはなぜ速く泳げるのか

生物には多糖類やムコ多糖、さらに多糖と蛋白質が結合した糖蛋白が含まれている。これらの化合物の大事な性質の一つは、水を保持する能力がきわめて大きいということである。たとえば、寒天は九〇パーセント以上が水である。またヒアルロン酸（ムコ多糖の一種）は、関節とかへその緒の中に入っていて、関節の運動をなめらかにする潤滑剤の役目をしたり、へその緒が胎児の運動のためねじれても、弾力性を保っていて血管がつぶれて母体からの栄養が行かなくなるということを防ぐ働きをしている。ヒトのへその緒から抽出したヒアルロン酸はデキストランの四・五倍の水和量をもっている（鈴木・上平、一九七〇年）。これは少量のヒアルロン酸が多量の水を保持する能力をもっていることを示している。

また南極とか北極に棲んでいる魚の体内には、ある種の糖蛋白があって体内の水が凍るのを防いでいる。

高速で泳ぐ魚や海棲動物の皮膚の表面には糖蛋白がある。これは水を吸着し、これに接している水分子の熱運動を遅くする。すると皮膚表面の水の粘度が大きくなり、高速で泳いでも乱流が生じにくい。乱流が起こると運動に対する抵抗が非常に大きくなり、スピードがでなくなる。

乱流はまた運動する物体の形にも関係する。よく知られているように、魚の流線形は、乱流の起こりにくい形である。

ロベール・メルルは次のように書いている。イルカの泳ぐ速度は三〇ノット（時速五五キロメートル）に達する。この速度はイルカの皮膚の特性によるものと考えられ、これについて二つの理論がある。その一つはマックス・クラマーの理論で、それによれば、

「イルカは実際には二枚の皮膚をもっているというのです。下の方の一枚目の皮膚は脂肪の層を覆っており、表面の二枚目の皮膚は、水をふくむ海綿状の物質で充たされた小さな縦の管を包んでいます。クラマーの意見では、この二枚目の皮膚がイルカの泳ぐスピードの秘密を説明するのです。それはとても柔らかく、弾力に富んで、ほんの少しの圧力にも敏感に反応し、水の渦乱流に触れるとくぼんだり、しわが寄ったりして、この渦乱流を減少させるのです」

「もう一つ別の説明もあります。多くの学者が確認していますが、イルカの表面の皮膚には、無数の毛細血管が通っています。ハイスピードになると、これらの血管のなかに急激な血液の逆流が生じて、それが多くの熱量を放出し、表皮と接触する水の表面の層を暖めるのです。この加熱によって渦乱流が減少するわけです」（ロベール・メルル、三輪秀彦訳、イルカの日）

この小説の序文によるとイルカの動物学的な部分は現代のイルカ学の成果をそのまままとり入れてある。『奉教人の死』の例の如く、小説家の序文をそのまま信用するととんでもないことにな

ることがあるが、この場合はロベール・メルルの言葉をそのまま受け取ってもよいだろう。
そうすると第二の説はおかしいところがある。水の温度が高くなると動粘度が減少し、乱流がかえって起こりやすくなるのである。

◎細胞内の水の状態

細胞内の溶液部分である細胞質には生体高分子やK^+イオン、Cl^-イオン、糖などが溶けている。そして細胞膜は細胞全体を包んでいるばかりでなく、ミトコンドリアなどの細胞器官もまた膜で包まれている。細胞内の水の状態は、これらの物質との相互作用によって決まる。

前にのべた構造温度によって、細胞内の水について大ざっぱな知識をうることができる。例を表10に示す。表からわかるように、どの組織の場合も構造温度がマイナスで、水分子は同じ温度の純水中の水分子よりも動きにくい状態にあることを示している。

表10　細胞内の水の状態

生体組織	構造温度(℃)
イエネズミの脳	−3.4
カエルの筋肉	−4.0
カエルの肝臓	−8.9
カイコの卵	−8.6

さらにもっと詳しい研究の結果によると、細胞内の水の状態も蛋白質のまわりの水の状態とほぼ同じであることがわかった。

すなわち、細胞内の生体高分子や細胞膜に直接接している水分子の状態は、図38（154ページ）

のA層と同じであり、残りの水の状態はB層に対応する。そしてC層は存在しない。A層とB層の水分子の回転の熱運動はそれぞれ10^{-10}秒と10^{-11}秒程度であった。これらの水分子はもちろん細胞内を活発に動きまわっている。細胞内の水分の拡散の速さはバルク水中よりも遅い。またA層とB層の水分子は入れ換わることができ、それには、ほぼ一日を必要とする。この入れ換わる運動は、生体高分子に対して直角方向の動きである。生体高分子表面または細胞膜表面に沿って動く運動もあって、この方が少し速い。

◎体の中を水が回る速さ

人の体内で一日に再生される水の量は一八〇リットルであったが、それでは水は一体どのくらいの速さで体の中を回るのであろうか。

それにはまず水にしるしをつけて、その水が体中を回る速さをしらべるとよい。都合のよいことに、水にはいろんな種類がある。この目的のために都合のよいのは重水（D_2O）である。

シドローバらが行なった実験は次のようである。白ネズミに約〇・五パーセントの重水を注射、三および五、一〇、一五、二〇、三〇分後に、脳や心臓、筋肉のHDO（重水素の一部は水素で置き換わるので、重水はこのような組成の水になる）の濃度をしらべたところ、どの組織も約一〇分後に最大濃度に達し、それから少し減って、約二〇分後に一定の値になった。

この結果から、水が体内を回る速さは、ネズミでは二〇分程度であることがわかる。この速さは動物の大きさや種類によって異なるが、人間でもせいぜい四〇分程度で体中を回ると考えてよいであろう。

この実験によると、水は血液に混じって体中を回り、その間に血管から細胞外液に入り、ついで細胞膜を通って、各組織の細胞の中に入っていくことがわかる。

水が血管壁や細胞膜を通過する時に働く力は主として浸透圧である。水はどのようにして細胞膜を通過するかという問題は、多くの生理学者の関心の的であった。

一九九二年にプレストンらによってアクアポリン（AQP1）が発見された。AQP1は分子量二八キロダルトンの蛋白質で、赤血球膜や腎皮質などの細胞膜に存在し、水の浸透流を助ける。AQP1は六個のα―ヘリックス（148ページの図36(ロ)参照）で水分子が通過できる孔を作っている。孔の直径は二・八オングストロームで、一個の水分子の大きさと同じであり、水だけが通過できる。

このようにして、水はたえず細胞を出たり入ったりしている。そして体内を水が回る速さは、細胞膜を通る時の速さによって決められるが、この速さは膜内外の水の構造による。膜内の疎水性水和は、膜表面の極性基の水和よりも水の通過に対して大きな抵抗を示す。したがって、キセノン（Xe）のような不活性気体が細胞膜内に吸着されると、水の通過は大いに妨げられる。

◎老若生死の識別

この章のはじめにふれたように、新生児と大人とでは水の体重に対する割合は八〇パーセントと六〇パーセントで二〇ポイントも差がある。この違いをもう少し詳しくみてみよう。

体液は細胞外液と内液に分けられるが、外液の量をみると三〇歳くらいまで減少して、その後は年齢によらずほぼ一定である。水の総量は年齢とともに減少するのであるから、水の減少は結局、細胞内液が減少していることを意味している。これらの結果を図42に示す。

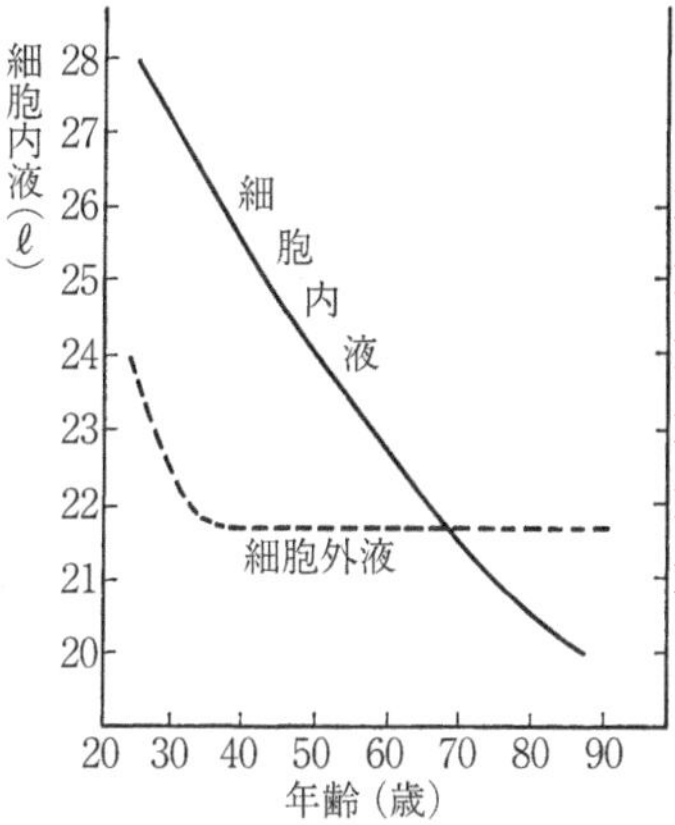

図42　年齢と細胞内液・外液の関係

ヘーツルウッドらがネズミの筋肉内の水の熱運動を測定して、構造化の程度を求めた結果によると、生後急に水の構造化の程度が増し、五〇日くらいでほぼ一定になる。構造化が増すということは、細胞内の比較的動きやすい水の割合が小さくなることに対応する。

したがって、人の場合にも、細胞内液の減少とともに、細胞内の水の構造化の程度が増すと結論することができる。

構造化の程度が増すと、まず第一に、細胞内の水分子の束縛の割合が大きくなり、そのため反応速度に対する抵抗が増すので、反応が遅くなり、細胞内または細胞を通過する物質の移動も遅くなる。第二に、外界の条件の変化（たとえば温度）に対する抵抗力が増す。

言葉を換えていえば、生体内の反応は細胞内で行なわれるのであるから、成長の盛んな幼児期には水の構造化の程度は大きくない方が都合がよい。そして成長の停止した青年期以降には、外界の刺激に対する抵抗力を増し、定常状態を保っている。

次の章でのべるように、麻酔は水の構造変化と密接な関係にある。スタンドレーらは、麻酔分娩と正常分娩の新生児の、生まれてから三日以内の手足の動きなどの運動能力を比較した。麻酔分娩で生まれた赤ん坊の方が運動能力が劣っていた。これは母親に比べて外部の刺激に対する抵抗性が低いことを如実に示している。

ヘーツルウッドらは、ネズミを殺して筋肉内の水の構造が時間とともにどのように変わるかをしらべてみた。それによると、死の直後から二時間までの間に構造化の程度が急に減少し、それからまた少し構造化が増し、四時間ぐらいでほぼ一定になる。この水の状態変化の様子は死後硬直が起こる様子と非常によく似ている。死によって肉体の生理状態が変化したことを水分子は認識できるのである。したがって、この分野の研究がさらに進むと、生理的な死というものをもっと詳しく知ることができるようになるだろう。

　このようにして、水分子の熱運動によって、生物が若いか年とっているか、また生きているか死んでいるかを識別することができる。

◎似ている赤血球とガン細胞

　赤血球とガン細胞とでは奇妙な組み合わせと思われるかもしれないが、実はこの二つの細胞はある共通点をもっている。すなわち細胞内の水の性質が似ている。

　なお、赤血球は核のない細胞であり、ガン細胞は増殖を続けて、止まることをしらない。その意味で、これらの細胞はいずれも普通の細胞と異なっている。

　これまでにのべた細胞は普通の細胞であって、その中の水分子の熱運動は純水に比べ非常に遅く、水は構造化していた。

　赤血球はその中にヘモグロビンなどの蛋白質や脂質、ぶどう糖、イオンなどを含んでおり、水の量は七二パーセントである。細胞内の水の熱運動の様子をしらべてみると、蛋白質のまわりの水の状態は、図38（154ページ）のA層とB層とからなるが、残りの大部分の水は、薄い電解質水溶液中の水、つまり純水中の水分子の熱運動とあまり違わない。すなわち、他の細胞に比べて水の構造化の程度が低い。水は細胞膜を通してたえず出入りしているが、赤血球内の平均滞在時間は、〇・〇一七秒くらいで非常に短い。

赤血球の最も大事な役目は、よく知られているように、体中の細胞に酸素を供給し、二酸化炭素を取り除くことである。

普通の状態の赤血球は、まん中が少しくぼんだ円板状の形をしているが、この形は容易に変形するので、どんなに細い毛細血管でも自由に通ることができる。もし赤血球内の水の構造化の程度が普通の細胞なみであったとしたら、まず第一に、血球内の酸素の移動速度が遅くなる、第二に、血球の変形に遅れが生じ、毛細血管を通ることが困難になるであろう。したがって、貧血を起こすに違いない。人の赤血球の体内寿命は一二〇日であり、細胞の安定性をある程度犠牲にして、酸素供給がうまくいくようになっているのであろう。

ダマディアンが一九七一年に、ガン細胞の水の熱運動を測定したところ、正常の細胞に比べて、非常に速いことがわかった。

その理由を説明するために、水の構造をこわすK^+イオンが正常細胞に比べて多いためであると考えた。ところがその後詳しく研究したところ、K^+イオンの量が特に多いということはなかった。次に正常細胞に比べ、水が多いという説が発表されたが、熱運動の違いを説明できるほど多くはないことがわかった。現在のところ、なぜ水分子の熱運動が速いのか、十分には明らかにされていない。

ただ、ガン細胞はたえず増殖を続けているので、その中の反応は活発に行なわれている。その意味で若い細胞であり、そして若い細胞は、水の構造化の程度が低い。

ガン細胞（腫瘍）と正常細胞では水の性質が異なることを利用して、最近、超音波吸収と核磁気共鳴（ＭＲＩ）によるガンの診断が行なわれている。これら二つの方法は、Ｘ線と異なって人体に対し害がないという利点をもっている。

さて、細胞内の構造化した水の役割の一つは、保護作用であった。構造化の程度が低い場合には特に熱に対して弱い。ガン細胞が熱に対して弱いことは以前より知られており、一八六六年に、ガンを四三度Ｃ前後に温めて治療した例がある。

肝臓ガンの最新の治療法（二〇〇八年）が注目されている。細い針を体外からガン細胞まで注入し、針先からラジオ波を照射する。ガン細胞の温度は六〇〜八〇度Ｃになり、ガン細胞のみが壊死する。照射時間は直径三センチメートルのガン細胞で約六分間である。この方法はガンの温熱療法の一つである。

この治療法は直径三センチメートル以下のガン細胞に限られる。手術時間は三〇分間以内で、入院は三日程度である。

またガン細胞は低温に対しても弱い。これについては、後でのべる。

◎休眠と冬眠

第三章でのべたように、水の中をイオンや低分子が移動する場合、その速度はまわりの水の状態によって影響をうける。ところで、細胞内の水は、これまでにみてきたように、構造化しているので、細胞内の物質移動は遅いであろう。このことは、生体内の反応速度は、希薄溶液中で起こる場合よりも遅いことを意味する。

冬になると樹木はホルモンの作用で、適当な乾燥状態になる。したがって、細胞内の水分も少なくなり、水の構造化もいっそう進む。そのため樹木の中の新陳代謝は極端に抑制され、休眠する。この状態の水は図38（154ページ）のA層の状態に近く、零下五〇度Cでも凍らない。このようにして、樹木は生長に都合のわるい条件の下では、休眠に入ることによって生存を続ける。もし、乾燥しなければ、気温が極端に下がった時に、細胞が凍って樹木は死んでしまう。休眠は低温ばかりでなく、高温でも起こることが知られている。

食糧問題は、将来の人類の生活にとってますます重要な課題となってきている。この意味で植物の耐寒性は食糧増産とも密接な関係にある。

植物の耐寒性もまた、今のべたことから容易に推定されるように、水の構造化と関係がある。耐寒性に関して二つの相反する作用が問題になる。

もし乾燥が進んで休眠に入るならば、植物の生育はそこで止まってしまう。低温でも植物が生長するためには、休眠に入らないようにしなければならず、しかも細胞が凍らないようにしなければならない。これまで耐寒性の研究はあまりにも植物的な面からなされ、水の構造の観点から考えることはなかったようである。最近問題になっている成長促進剤もまた、水の構造変化に関係していることが指摘されている。

爬虫類や哺乳類の一部は冬眠することが知られている。植物の場合には、乾燥状態になることにより、水の構造化を高める。もっと高等な生物ではこのような状態になると死んでしまう。もう一つの水の構造化を高める方法は、体温を下げることである。実際に冬眠中の動物の体温は三〇度Cくらいに下がっている（この温度については次章参照）。そのため冬眠中の動物の新陳代謝は遅くなる。体内の水の構造化の増大は冬眠の唯一の原因ではないが、必要な因子の一つではある。

このようにして、生体内の水の構造化は生体反応を抑制する方向に働く。

◎重水の生理作用

これまでにのべてきた生体内の水の役割について要約してみると次のようになる。

水は蛋白質や酵素分子がそれぞれに特有な働きを発揮するために必要な高次構造をつくり、それによって生命を維持していくために本質的に重要である。水がなければこのような高次構造をとることができない。

次に生体高分子の高次構造は、そのまわりを取り巻いている水のシューバの働きで、外部条件（温度とか電解質濃度の変化など）が少々変化しても、変わらず一定に保たれている。もし何かの原因で細胞内の生体高分子の構造がほんの少し変わると、水分子は配向の仕方と熱運動を変えることによって、必要な相手にその情報を伝達することができる。

水に電解質やアルコール、砂糖などを溶かすと、それぞれの溶質分子に対し、水分子はダイナミック（動的）な応答をする。ダイナミックという言葉が示すように、水分子と溶質分子の間の作用はけっして不変なものではなく、第二の溶質分子が存在すると、その作用は強められたり弱められたりする。この水分子のダイナミックな応答は、生体反応にとっても非常に大事である。細胞内の反応の速さは細胞質（水）の構造化の程度による。すなわち、水の構造化の程度が低ければ反応は活発になり、構造化の程度が強ければ反応は抑制され、もっと構造化が進めば反応は停止する。

ここで第二章で簡単にふれた重水の生理作用について考えてみることにする。同じ水であっても、重水は生物にとって有害な作用をもっていた。

重水（D_2O）と軽水（H_2O）の最も大きな違いは、重水の沸点も氷点も軽水のそれよりも少し高いことからわかるように、重水分子間の力（水素結合）が軽水よりも強いことである。

水の中では、ある水分子の水素原子が隣の水分子に移り換わるというプロトン交換（プロトンはH^+イオンをさす）がたえず起こっている。その意味で水分子はけっして化学的に安定な化合物ではない。そのためH_2O中にD_2Oを溶かすと、HとDの交換が起こって水の中の大部分の分子はHDOという分子になる。もちろん、H_2OとD_2Oの量の関係から、いずれかの分子はそのままの形でも存在する。

さて、蛋白質や核酸、糖類などの生体高分子はすでにのべたように、$-NH_2$や$-OH$、$-COOH$などの基を多量に含んでいる。これらの基の水素原子はいずれも水とプロトン交換をする。したがって、生物にD_2Oを注入すると、生体内を水がまわる速度は速いので、体中の生体高分子の基の一部分の水素原子は、Dで置き換えられる。

このように、D_2Oを注入すると、細胞内の水の構造化の程度が大きくなるばかりでなく、生体高分子と水との間の相互作用も強くなる。そのため、細胞内の生体反応や細胞膜を通る物質移動が遅くなる。

物質移動が妨げられると、結果として神経の伝達作用や酸素の供給もまた抑制されるであろう。これらの現象はいずれも生物にとって有害な作用をする。高等な生物ほど複雑な構造をもっているので、少量のD_2Oで致命的な影響をうける。

第六章　麻酔・温度・圧力

水になじまない疎水性分子は水の中でどこに安住の地を見出したらよいだろう。幸か不幸か、生物の体内にはいたるところ（たとえば蛋白質とか細胞膜）に疎水性分子を引き受ける場所がある。疎水性分子がこのような場所に落ち着くと、今度はそのまわりに水分子を集めて、その運動をとめてしまう。そのため生体反応は一時停止する。これが麻酔である。

温度の影響は麻酔に比べてもっと複雑である。温度が高くなれば水分子の熱運動はさらに活発になり、温度が低くなると水分子の熱運動は遅くなる。どっちにしても生物が生きていくにあたって好ましい状況ではない。生物が生存できる適当な温度範囲がある。生物にとって一五および三〇、四五、六〇度Cは危険な温度である。

不活性気体と温度によって、水分子の配列や熱運動は変化するが、この現象は、環境汚染、もっと一般にエコロジーとも深い関係にある。

◎麻酔と温度の関係

麻酔によって、人間は痛みを抑えたりあるいは意識を失わせることができる。他の動物に対しても麻酔薬は同じような作用をする。しかしもっと下等な生物に対しては、みたところ、高等動物とは異なる作用をする。

温度もまた麻酔と似たような作用をもっている側面がある。たとえば、冬眠は体温の低下によって起こる。

もちろん、麻酔と温度の影響は似ている点ばかりでなく、異なっている面も多い。しかし、これらの影響の下に現れるいろいろの現象を引き起こす原因を探ってみると、そこに一つの共通点が見出される。すなわち水の構造変化がそれである。

これまでに繰り返しのべてきたように、水の構造変化は、水に溶けた物質によっても、また温度変化によっても引き起こされる。そして、構造温度という概念が示すように、水に対する影響は、溶質の作用という面で似ている。しかしながら、構造温度は物質によって決まるが、温度は任意に変えることができる。

麻酔と温度の生物にあたえる生理作用は、このようにして、似ている面と異なっている面があることが理解されるであろう。

もう一つの重要な点は、生物には無数ともいえるほど多くのすきまがある。このすきまにある水は変わった性質を示す。その一つについては、第四章でもふれたが、温度による変化はきわめて独特な様相を示す。そしてこの特異な挙動は生物に対して非常に大きな影響をあたえることが、ドロストハンセンによって示された。彼は数百にのぼる膨大な数のデータを詳しくしらべてこのような結論に達したのである。

◈不活性気体の性質

不活性気体は、広義の定義では、ヘリウム（He）、ネオン（Ne）、アルゴン（Ar）、クリプトン（Kr）、キセノン（Xe）の希ガスの他に、メタンなどの炭化水素も含む。

これらの気体は、名前が示すように、一般に反応しにくい。特に希ガスは非常に安定で、普通の条件ではいかなる化学変化もうけない。したがって、希ガスと他の物質との作用はすべて物理的なものである。

すでにのべたように、希ガスの中でHeとNeを除く他のガスは気体水和物をつくる。ArとKrはI型の水和物をつくり、Xeは大きい分子なのでI型またはII型の水和物をつくる（126ページの図32参照）。気体水和物の一分子あたりの組成はそれぞれ、$Ar \cdot 5H_2O$, $Kr \cdot 5H_2O$, $Xe \cdot 6H_2O$, $Xe \cdot 7H_2O$である。

気体水和物の零度Cにおける解離圧をみると、Arでは九八・五気圧、Krは一四・五気圧、Xeは一・一五気圧で、Xeがいちばん気体水和物をつくりやすい（それ以下の圧力になると気体水和物の結晶がこわれて気体と水になる。この圧力を解離圧という）。

次に水に対する溶解度をみると、He、Ne、Ar、Kr、Xeの順に大きくなる。溶液中のある分子のまわりの水の状態は、水分子の配列の程度と熱運動によって決まる。

この二つの値によって、希ガス水溶液を比べてみると、Heのまわりの水分子の配列の程度は純水中よりも乱雑で、かつ熱運動はより激しい。すなわち負の水和をしている。しかし、ArやKr、Xeのまわりの水分子は、純水中よりも動きにくく、熱運動はもっと遅い。そしてこれらの希ガスのまわりの水の配列は純水中よりも規則正しい状態にある。したがって、ArやKr、Xeは疎水性分子と同じ性質をもっていることがわかる。

KrやXeをミオグロビンとかヘモグロビンのような蛋白質の水溶液に溶かすと、純水中よりもよく溶ける。これは蛋白質分子と希ガスの間に、ある相互作用が働いて、希ガスが蛋白質に捕えられ、それだけ余分に溶けていることを示している。たとえばミオグロビンはヘムの上の部分の空孔（148ページの図36(ハ)参照）の中にXeを取り込むことができる（フェニモアら、二〇〇四年）。

そこでX線解析によってしらべてみると、希ガス分子は蛋白質の疎水部分に埋まっている。これは蛋白質と希ガスの間に疎水性相互作用が働いていることを物語っている。

ここで、特に注目すべきことは、負の水和をするヘリウムは気体水和物をつくらず、疎水性を示すアルゴンやクリプトン、キセノンは気体水和物をつくるというように、不活性気体分子のまわりの水の状態と気体水和物の間によい相関性があることである。

◎ガス麻酔

麻酔には麻酔薬を用いる局部麻酔とか中国の鍼麻酔などいろいろの方法があるが、ここで取り上げるのはガス麻酔である。

気体水和物のX線解析が始まった年とちょうど時期を同じくして、一九五〇年前後から不活性気体（希ガス）の麻酔作用が注目されるようになった。

たとえば、クレンとグロスが、一九五一年にクリプトンと酸素を四対一の割合で混ぜ、数気圧の下でネズミやウサギに一五分間吸入させたところ、体の反射がなくなるとか、痛みに対する反応が鈍くなる、呼吸が遅くなるなどの現象が現れた。これは明らかに麻酔がかかっていると認めることができる。ところが、人に対しては、あまりききめがなかった。

キセノンと酸素を七対三の割合で混ぜ、一気圧で人に三分間吸入させると、三分間で知覚を失い、吸入を止めると二〜三分後に麻酔から回復する。

キセノンは、たとえばエーテルのように、摩擦帯電などによる火花で引火して爆発する危険性がまったくないので、きわめて安全な麻酔剤である。しかし、地球上には希ガスはわずかしか存在しないため、きわめて高価である。それでキセノンは実際にはほとんど用いられていない。普通は、麻酔ガスとして、よく知られているように、クロロホルムやエーテルなどが用いられている。これらの気体も同じように気体水和物をつくる。

クリプトンやキセノンのように、他の物質に対してまったく反応性をもたない物質がこのような麻酔作用を示すということは、不思議なことであった。そこで、これらの気体はいずれも気体水和物をつくるという性質に注目して、一九六一年に、ポーリングとミラーが独立に、希ガスによる次のような麻酔作用の理論を提案した。

細胞膜表面や生体高分子のまわりの水は、構造化した状態にあり、表面から遠ざかるにつれて、秩序化の程度が減少する。

呼吸によって吸収された不活性気体が脳に運ばれると、これらの分子は神経細胞の細胞膜や蛋白質分子の疎水面に接している水の構造の空孔の中に入りこんで、まわりの水分子の熱運動を抑制する。それにより神経伝達が阻害され麻酔が起こる。

不活性気体による麻酔のメカニズムは、まだ完全には解明されていないが、いくつかのモデルが提案されている。その一つを図43（次ページ）に示す。

細胞膜には図43(イ)に示すように、Na^+イオンチャンネルがある。このチャンネルを作っている蛋白質は柔軟な構造なので、電気的刺激に応じて容易にチャンネルが開閉する。チャンネルが開い

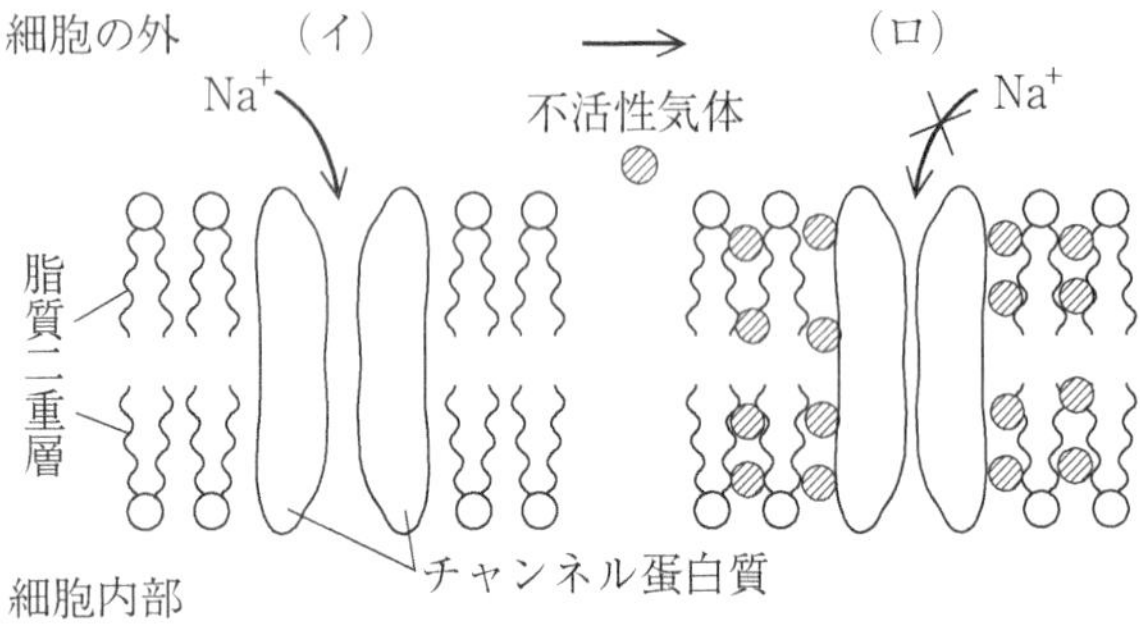

図43　ガス麻酔のモデル

てNa^+イオンが細胞外から内部に流入すると神経の興奮が起こる。

細胞に不活性気体を作用させると、この分子は疎水性であるから、図43(ロ)のように、脂質分子間やチャンネル蛋白質と脂質分子との間に溶ける。そのため細胞膜全体が固くなり、チャンネルが開くのを妨げ、Na^+イオンが流入できなくなり、麻酔が起こる。

実際に、キセノンやシクロプロパン（不活性気体の一種で麻酔作用をもっている）を、腸の膜に吸収させると、膜を通る水の透過率が減少することが見出されている。この原因は、右にのべたように、キセノンやシクロプロパンにより細胞膜全体が固くなるためであると考えられる。

また、カエルやネズミを麻酔して、筋肉中の水の状態をしらべた実験によると、麻酔をうけた方が、水の構造化の程度が増している。このようにして、不活性気体の麻酔作用は、細胞内の水の構造化の程度が増すことと、密接な関係にあると考えることができる。

◎細胞の増殖を停止させる

温度や湿度を一定に保って、適当な栄養をあたえると、細胞を試験管の中で培養することができる。培養されている細胞は分裂して増えていく。今、増殖しているアカパンカビとかヘラ細胞（一九五二年、アメリカでヘラという名前の女性の子宮ガンの組織から分離した細胞。いろいろな研究に広く用いられている）に、キセノンなどの不活性気体を作用させると、増殖がとまってしまう。そして不活性気体を取り去ると再び細胞分裂を始める。

不活性気体が細胞の増殖を停止させる作用は、麻酔作用の程度に比例する。麻酔作用の程度は麻酔圧で示される。すなわち麻酔作用の強い気体は麻酔圧が低い。麻酔圧の低い気体は低い圧力でアカパンカビやヘラ細胞の増殖を停止させる。この結果から、ある気体が麻酔作用をもつかどうかは、麻酔実験をやらなくても細胞分裂をとめるかどうかをみることによって知ることができる。もっと一般的には、その気体の水溶液の性質からも推測することができる。

生物の発展段階によって、影響の現れ方は異なるが、いずれにしても、麻酔作用をもつ不活性気体は、細胞内の水の構造化を増すことにより、生体内の物質移動を妨げる作用をもっている。

◎立枯れの原因は

排気ガスなどの原因により、現在は大気汚染がひどくなっている。これらの汚染物質の中には、二酸化炭素や四塩化炭素、メタン、フロンなどの気体が含まれるが、雨滴に溶けて土や海水に入る。最近の研究によると、雨粒や海水中のこれらの気体の濃度がふえていることがわかった。これらの気体もまた気体水和物をつくる。

土の中には狭いすきまが無数にあり、しかも土壌の表面の水は構造化している。植物は土の中の水や種々の養分を根から吸い上げている。この土の中に、前述の気体が溶けた雨水がしみ込んでいくと、土のすきまの水の構造化の程度はいっそう著しくなるであろう。その結果、植物が水や養分を吸い上げることが妨げられる。

すきまの水の構造化は二つの面をもっている。夏には根からの水の吸い上げに抵抗を示すが、冬には凍りにくいので、植物に水をあたえる。しかし、構造化の影響は夏の方が大きいだろう。

この影響を最も受けやすいのは、生長するのに長い年月と一日に一九〇リットルもの水を必要とする樹木である。樹木の立枯れの原因として、これまでは主として大気中の窒素酸化物（NO_x）が考えられていたが、化学的に不活性な気体の影響も考えに入れなければならない。

これらの気体の影響はきわめて緩慢に現われるので、眼についた時には、もはや手おくれで、それだけに扱いにくい。

◎人は何度Cで凍死するか

温血動物の体温を一八〜二〇度Cまで冷やすと、体温を調節する機能を失い、血液をつくることができなくなり、そして血液の呼吸機能が低下する。長時間、この状態に放っておくと、これらの機能が低下するために、脳組織に酸素がたりなくなり、ついには死んでしまう。

それでは人は何度で凍死するのだろうか。凍死はこごえ死ぬことと普通の辞書に書いてあるので、零度C以下にならないと死なないと想像する人もいるかもしれない。

しかし、人はもっと高い温度で死ぬ。体温が二七度Cになると凍死する。したがって、短時間ならばはだかで雪の中を走り回っても大丈夫であるが、逆に、気温が一〇度Cくらいの時に酒に酔って戸外でねむってしまうと凍死することがある。古代中国人は、凍死するのは外気が体力よりも厳しいからである（説苑）と言っている。

説苑によると人民には五つの死に方があって、凍死はその一つに入っている。そうしてみると、古代は凍死する人が多かったのであろう。それで凍死の原因について、このような鋭い見方が生まれたのであろう。

人は体温が三五度Cになると方向感覚が鈍くなり、ついで性格が内向的になり、物忘れをしやすくなる。さらに三〇度Cで無感覚になり、二七度Cで死んでしまう。

このような事実から、麻酔剤を用いなくても体温を下げるだけでも麻酔が起こると考えることができる。低温麻酔は普通三〇度C程度で行なわれる。もしエーテル麻酔を併用すれば、二〇～一五度Cくらいまで体温を下げても死なないということである。

◎すきまの水と温度変化

第四章でのべたように、水の中で合わせた二枚のガラス板を引き離すためには、分離圧が必要である。ペーシェルとアドルフィンガは分離圧が温度によってどう変わるかをしらべた。その一例を図44に示す。縦軸に分離圧、横軸に温度を目盛ってある。分離圧は水の温度によってふえたり減ったりするが、最も注目すべき特徴は、一五および三〇、四五、六〇度C付近で極大値を示すことである。

この実験は、純水にガラス板をつけて行なった実験である。そして分離圧が生じる原因はガラス表面の水の構造化によるものであった。したがって、図のように分離圧が温度によって著しく変化する原因もまた水の構造変化によるものと考えてよいだろう。

水溶液の性質の温度変化は、多くは連続的でこのようなきわだった特徴はない。これまでに知られているのは、たとえば水の密度が、四度Cで最大になるというように、ある性質がある温度で最大値または最小値を示すというような現れ方である。

　このことは水溶液のすべての性質が温度によって連続的に変わるということを意味しない。氷から水や、水から水蒸気のような一次変化（相転移）に比べ、水溶液の構造変化は二次変化であるから、その現れ方はきわめてわずかである。

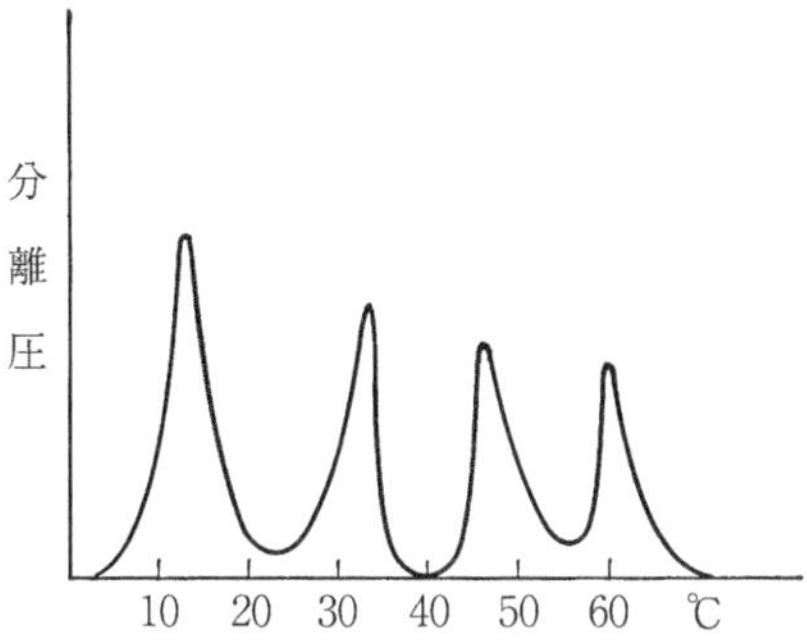

図44　２枚のガラスに生じる分離圧の温度変化

　そのためこれらの四つの温度で水溶液の性質が連続的に変わらず折り目を生ずるかどうかをしらべるには、温度間隔を一度おきというように細かくとらなければならない（これまでに行なわれた測定は、たいていは一〇度おきというように広くとっていた）。それからきわめて高い測定精度が要求される。このような研究は非常な労力を伴い、しかも難しい。

　温度に関連して興味ある事実がある。一九二〇年代までは溶液の研究の主流はヨーロッパ（ドイツ、イギリスなど）にあった。この頃までの溶液の性質はほとんど一八度Cで測定されていた。ところが一九三〇年代になって、アメリカでの溶液の研究が盛んになるにつれて、測定温度は二五度Cになった。現在ではまず実験をする時に、二五度Cで行なうのが普通である。もし一年中実験をやろうとすれば、二五度Cという温度は、日本では北海道や東北以外の研究者にとっては、低すぎて不便である。つまり七、八、九月の三ヵ月は気温が高くなって、簡単には実験ができなくなる。

界面の水分子は、界面から十分離れていて、その影響のない状態にある水分子に比べてずっと規則正しく並んでおり、しかもその影響は遠くまで及んでいる。それで温度によって配列の仕方がごくわずか変化しても、その影響が増幅されて現れるのではないかと考えられる。

さて、生物の体には無数といってよいほどたくさんのすきまがあって、体液で満たされている。二枚のガラス板の分離圧が温度によって、このようにきわだった変わり方をするのであれば、すきまの水の他の性質も似たような変わり方をするのではないだろうか。もしそうなら生物にとって温度は決定的な影響をもっているに違いない。

ドロストハンセンは、界面における水の構造変化に注目し、生理現象の変化について、膨大なデータを解析して、次の興味ある結論に達した。すなわち、一五および三〇、四五、六〇度Cは生物にとって好ましくない温度で、これらの温度の前後で生理現象は不連続に変化する。ただし、ここで注意しておきたいのは、これら四つの温度は大体の基準であって、それぞれの温度を中心にして、一〜二度の幅がある。

◎生命に危険な一五、三〇、四五、六〇度C

人は体温が二七度Cになると凍死するが、一方体温が四五度Cになっても死んでしまう。この二つの温度は前にのべた温度とほぼ一致している。

図45にアリの歩く速度の温度による変化を示す。一六度Cで歩行速度が急に遅くなる。

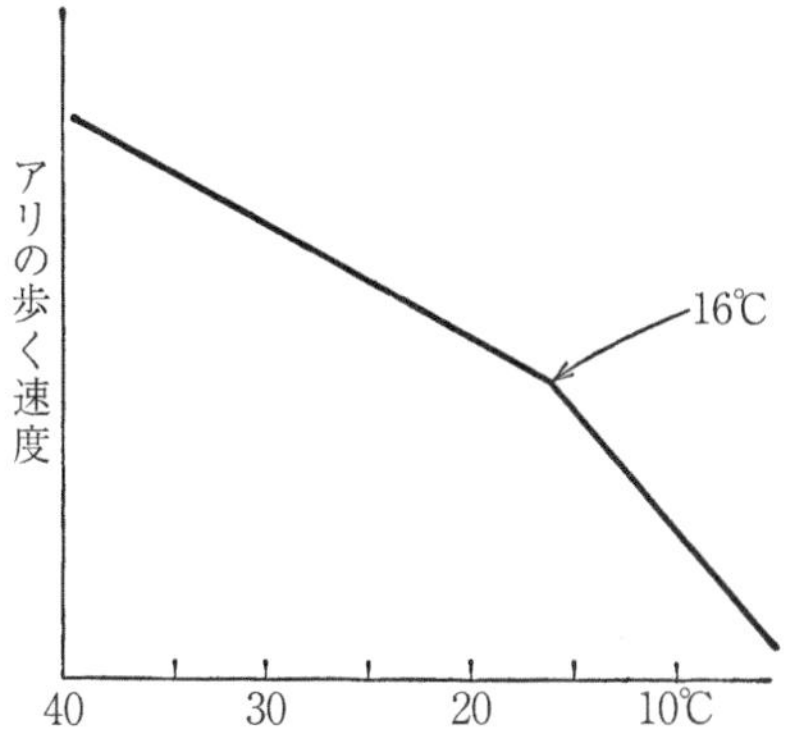

図45　アリの歩く速度と温度の関係

ハマグリの繊毛運動は約一五度Cで急に遅くなり、酸素消費もまた一五度Cで急激に少なくなる。ウサギの酸素吸入は三〇度C以下で減少する。モルモットとネズミの心耳の興奮は二八度Cで急におとろえ、一六度Cで心耳の活動が停止する。

次に植物の例をみてみよう。西山岩男は植物生理学的研究から、一五〜二〇度C付近に、植物の生理学的（および病理学的）転換点があることを見出した（この結果と、その原因が水の構造変化に基づくという考えを、西山はドロストハンセンと独立に発表した）。

西山によれば、たとえば、果物ではバナナやオレンジ、レモン、リンゴなど、野菜ではカリフラワーやカブ、トマト、キュウリ、ピーマン、サツマイモなどの組織は一五度C以上では安全であるが、一〇度Cになると明らかに傷害をうける。

また、水道水の味覚と温度の関係をしらべた平尾菅雄によると、約七〇度Cと一三度Cの水がいちばんうまく感じ、三五~四〇度Cで特にまずく感じるということである。

分離圧の温度変化と異なって、四つの温度を同じ生物が経験することはできないが、今あげたいくつかの例からもわかるように、一五および三〇、四五、六〇度Cは生物にとって好ましくない温度である。これからドロストハンセンは次のように考えている。

四つの温度は生物にとって好ましくない温度なので、進化の過程で、生物は選択的に連続した転移温度の中点で生きるようになった。たとえば三〇度Cと四五度Cをとると、これら二つの温度で、哺乳類の生理現象や運動に、生存にとって有害な変化が生じる。したがって、三七~三八度Cで活動するのが安全である。

進化の過程で哺乳類は生存するための最適温度として、三七~三八度Cを選んだのである。約一六〇種の哺乳類の体温の分布をみると、大部分はこの温度が体温である。鳥類の体温は四一度Cであるが、致死温度は同じく四五度Cである。体温が高いのは飛ぶのに大きなエネルギーを必要とするためである。飛べないダチョウやペンギンの体温は三八~三九度Cである。

以上の結果をまとめてみると図46のようになる。生存の最適温度を右側に、有害なまたは致死

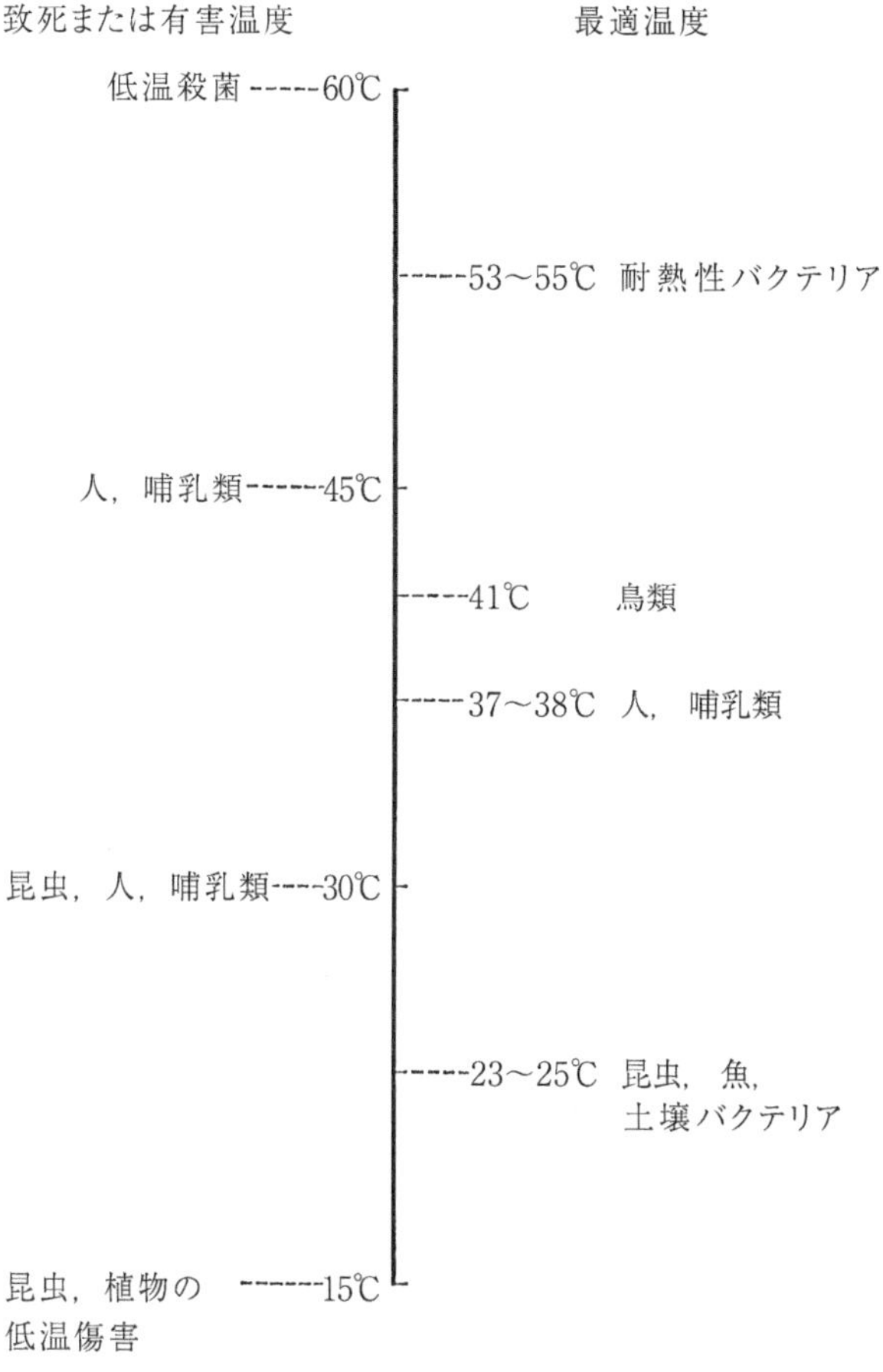

図46　生物と温度の関係

温度を左側にとってある。一五および三〇、四五、六〇度C付近は生物にとって有害な作用が現れる領域である。すなわち、温度に対するすきまの水の異常性と生物の異常性の間に密接な関係がある。

◈エコロジー

ドロストーハンセンの理論はエコロジーとの関係でもきわめて有用なモデルである。

高等生物では生存のための最適温度はただ一つであるが、微生物では二つの温度がある場合がみつかっている。硫酸塩還元バクテリアは二四度Cと四〇度C付近で最適の活性を示す。おそらく別の代謝経路を使うのであろうと考えられる。このようなバクテリアは他にもいくつかある。

次に熱汚染との関係からは、三〇度Cという温度が特に重要である。たとえば広葉豆の小胞子発生中におよぼす温度の影響をしらべたヴェルシューンの研究によると、染色体異常は三〇度C付近で異常に多く起こる。

三〇度C付近では水の構造のゆらぎが特に著しく、そのためすきまの水の構造もひどく乱される。結果として、細胞分裂の過程でRNA-DNAの遺伝情報伝達系に働いている水の安定作用も攪乱《かくらん》される。したがってこの温度範囲では遺伝情報の伝達はめちゃくちゃになってしまう。染色体異常の発生はこのようにして説明される。

その他、カエルの卵も三〇度C付近で変態を発生する割合が急にふえるなどの多くの例がある。

最後に気温との関係をみよう。一九七六年一二月二二日の朝日新聞に次のような記事がのっていた。

ミランコビッチの理論によると、気候が変動するのは、地軸の傾斜、歳差運動、公転軌道の三つが変化するためである。彼はこの三つの要素の変化により地球の受け取る太陽エネルギーの量がどう変わるかを計算し、それから気温変化の曲線を求めた。

ヘイズらは深さ三〇〇〇メートル超の海底の堆積物中の^{18}Oの分析などによって、約四〇万年前からの地球の気温の変化を求めたところ、ミランコビッチの理論ときわめてよく一致した。

その結果から、現在の間氷期は、約九〇〇〇年前の年平均気温一四度Cのころを頂点にして、終わりつつあり、地球は次の氷河期に入ろうとしている。そして平均気温は一〇度Cまで下がるだろうと予測された。

しかし、一九九〇年頃からこの予測とは逆の状況が起こっている。すなわち大気中の二酸化炭素濃度の増加による地球温暖化である。

最近、南方にいる蝶が山梨県で生育しているのが見つかったり、あるいは植物の生育可能な北限が北上するだろうという報道を耳にした。一五度C付近は多くの植物にとって低温傷害の起こる温度である。したがって、問題にしている地域の平均気温が一五度Cであるかどうかが北限の移動を判断する一つの指標になるだろうと考えられる。

表11　1気圧，25℃での水への気体の溶解度

気体	溶解度(g/ℓ)
N_2	0.0236
O_2	0.0545
CO_2	2.34
He	0.00155

◈圧力と気体の溶解度

これまで生体組織内の水についてのべてきたが、もう一つの重要な水がある。すなわち体の中を流れている血液である。

ヒトの血液は体重の約七・七パーセントを占める。そして血液の約五〇パーセントは水である。この水の中に呼吸によって気体が溶ける。気体の溶解性と圧力との関係を探ることによって、以下のような水の二面性が明らかになる。

表11に大気中の気体と二酸化炭素の水に対する溶解度を示す。表からこれらの気体の溶解度は非常に小さいことがわかる。

これらの値は気体が一気圧の場合の値である。大気は約一気圧で、その中のN_2とO_2の分圧はそれぞれ4/5と1/5気圧である。したがって液体中のN_2とO_2の量は表11の値よりももっと少ない。

水に溶ける気体の量は温度や圧力によって変わる。ここでは圧力の影響を考える。

高い山に登ると気圧が低くなる。つまり、空気が薄い状態になる。たとえば、三〇〇〇メート

ルの高山では空気中のO_2の量は地表の七〇パーセントである。そのためO_2の量も少なくなり、生理反応は抑えられる。

このような環境に長時間滞在すると、頭痛、めまい、息切れなどがひどくなり気を失うこともある。この症状を高山病という。

◎高圧と水の二面性

次に気圧が高い場合を考えよう。気体の溶解度は気圧が高くなると増す。したがって高圧の下で呼吸すると、血液に溶けるN_2やO_2の量も増す。まずO_2の影響について考えよう。

たとえばアクアラングをつけて水深一〇〜三〇メートルの海中を泳ぐと、体に一〜三気圧の余分の圧力がかかる。したがって、この状態で呼吸すると、二〜四気圧の空気を吸うことになり、O_2とN_2の血中濃度が増す。

O_2は赤血球の働きで細胞に運ばれるので、この程度の圧力では何の障害も起こらない。問題なのはN_2である。N_2は科学的に不活性であるからそれ自体全く害のない物質である。しかし、高圧下で呼吸した場合二つの問題が起こる。

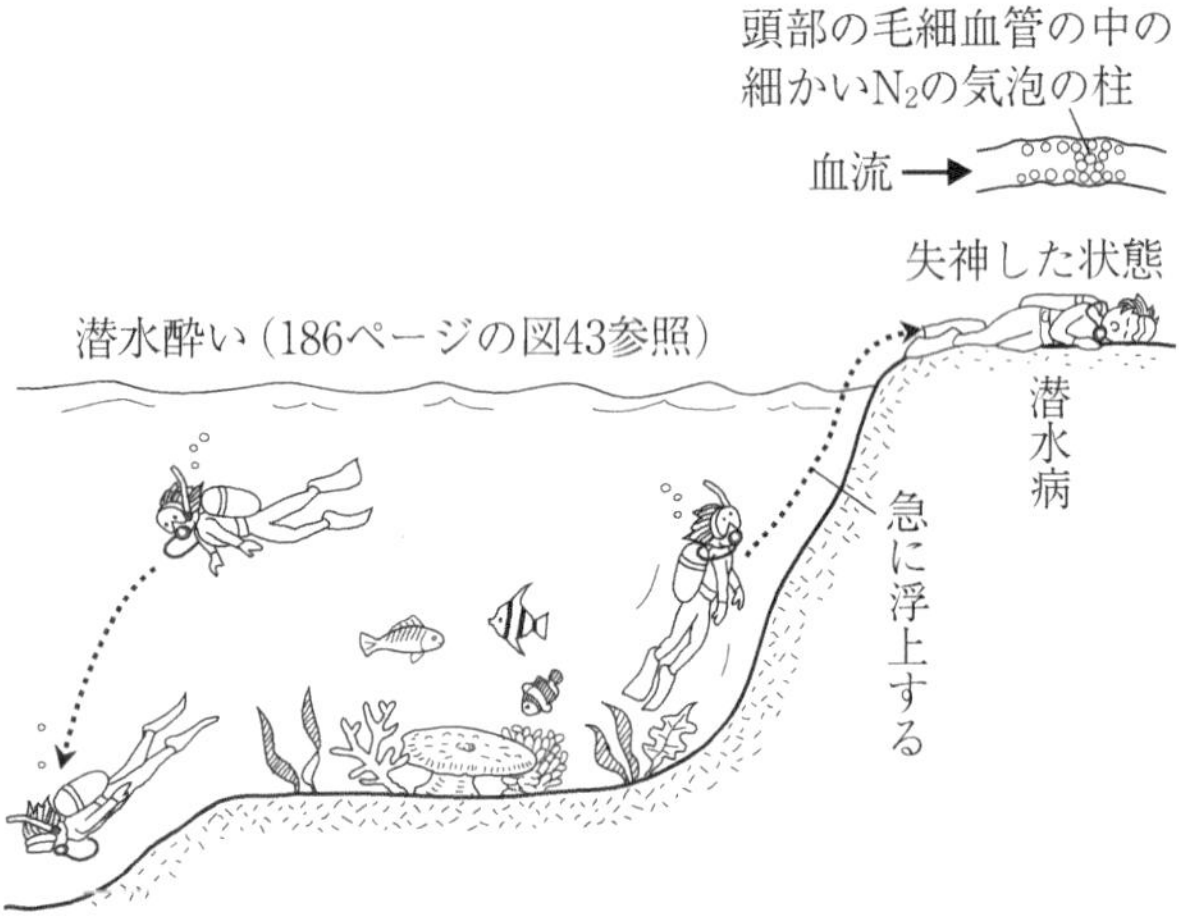

図47　スキューバダイビングに潜む2つの危険 —— N_2の作用

◈潜水病（ケイソン病）

　アクアラングをつけて水深一〇〜三〇メートルの海中を長い時間泳ぎ、海中から一気に水面に浮上したとする。そうすると体にかかっていた圧力は常圧に戻るので、数気圧下で血液に溶けていたN_2が非常に小さな気泡となって気体に戻る。このような細かい気泡は毛細血管壁に付着し、その量は時間が経つにつれて急激に増し、ついに血栓に似た働きをして血流を止める。発生する気泡の量は潜った深さ、滞在時間、浮上の速さに依存する。

　浮上後、数分から三時間後に次の症状が現れる。まず手足や腹部がひどく痛くなる。次いで吐き気や麻痺、知覚障害が起こり死ぬこともある。

　大河の橋桁や築港工事などで侵入する水圧に対

抗するためにケイソン（潜函）に高圧の空気を送り、その中で工事を行なうことがある。工事をした人たちにこの病状が現れて注目されるようになったので、医学ではケイソン病と言われている。

スキューバダイビングの場合の予防法は一定の深度ごとに浮上を止め、段階的に減圧することである。

ヘリウムは血液に対する溶解度が小さいので（198ページの表11参照）、深海探査船の場合には船内の気体として、通常の空気中のN_2の代わりにヘリウムが用いられる。この人工空気では音は甲高く聞こえる。

◈クジラはなぜ潜水病にならないか？

クジラは哺乳類であるから呼吸によってO_2を取り入れている。クジラは水面と海面下数百メートルの間を泳ぎ回り、時には一〇〇〇メートル近くまで潜ることができると言われている。この深さでは実に一〇〇気圧の圧力を受けていることになる。そして相当の速さで海面に浮上するように見える。その生態から、クジラはなぜ潜水病にならないかという疑問が浮かぶ。

その謎を解く鍵は体の構造にあった。

クジラは潜っている間は肺にはわずかな空気しか残っていない。その筋肉には酸素を蓄える能力の大きいミオグロビンが多く含まれている。そしてクジラの呼吸器官や血脈洞はグリースで覆われており、高圧下ではN_2はこのグリースに溶け、常圧に戻っても気泡にならない（デュモン、マリオン、一九九七年）。

◎潜水酔い——窒素の麻酔作用

スキューバダイビングを長時間続けると別の危険が生じる。

N_2は疎水性気体である。中枢神経系は脂質に富んでいるので、高圧下のN_2は神経膜に多く溶ける。その結果図43（186ページ）に示したメカニズムによって麻酔作用が起こる。それで人は浮上できずに死ぬことがある。

N_2ガスの麻酔作用は第二次世界大戦中に発見された。戦争のためアメリカ海軍がスキューバダイビングの技術を開発した。その頃は潜水深度が深く、行方不明になる隊員がいたのでN_2に麻酔作用があることがわかったのである。

N_2は人間には無害な物質であるが、その水溶液は外部条件の変化によってこれまでのべてきたような危険性を示すことがある。これは水の二面性によるものである。

またN_2の麻酔作用は疎水性に基づくものであるが、一方では疎水性相互作用は蛋白質の高次構造や細胞膜の形成に大きな役割を果たしている。疎水性相互作用は水の中で働く作用である。このように疎水性もまた二面性をもっていることになる。生物はこのような二面性によって生命を維持していると言える。

気候変動に関する政府間パネル（ＩＰＣＣ）が二〇一八年にまとめた「一・五度Ｃ特別報告書」の一部を上に示す。平均温度一・五度Ｃ上昇といっても現実的にわかりにくい点がある。

昆虫・植物の生育可能な北限温度十五度Ｃという指標を考えるとわかりやすい。日本列島の北限温度地域における昆虫や植物の詳しい生育分布の観測を続ける必要がある。そのデータによって、地球温暖化の影響を実感できるだろう。

195ページの注

○生物多様性、生態系に対する影響
　調査された10万5000種のうち、２度Ｃの地球温暖化で昆虫の18％、植物の16％、脊椎動物の８％が気候的に規定された地理的範囲の半分以上を喪失。1.5度Ｃの温暖化では昆虫の６％、植物の８％、脊椎動物の４％が気候的に規定された地理的範囲の半分以上を喪失する。

第七章　低温生物学

低温生物学では零度C以下の低温にある生物の研究を行なう。生物が零下一九〇度Cという極低温の厳しい条件の下でも生きながらえる可能性がわずかでもあるとすれば、それは排他的というささか感情的な表現を用いた（蛋白質の）界面の水のおかげである。血液や精子、あるいは種々の生体組織の凍結保存の研究は、いってみれば低温で簡単に正体を失う水分子の割合を少なくし、界面の水をうまく使おうとする低温生物学者達の悪戦苦闘の物語でもある。

生物を低温に冷やした時死ぬのは、細胞内に氷ができるためである。氷ができないようにすると血液や精子は生きた状態で半永久的に保存できる。

逆に凍らせた時に細胞が死ぬのを利用した凍結療法もある。あるいはまた適当な手段を用いると、低温の水は若返りにも使える。

◎低温生物学とは

最近、交通事故などによる傷害件数は飛躍的に増加してきており、その対策やあるいは傷害をうけた人達の治療は大きな社会問題ともなっている。

さて、大きなケガの場合にまず必要なのは輸血であろう。そのためには、いつでも必要な血液を提供できるように、血液銀行が完備されていることが望ましい。ところが血液は現在献血によって集められているが、その量は多くない。それから輸血といっても、血液そのものを輸血しなければならない場合の他に、たとえば成分の一つである赤血球だけを病人にあたえればよいといったように、成分輸血の方が好ましいこともある。したがって、いつでも血液をそのまま輸血するのは、血液の絶対量が不足がちの今日、有効利用という面から考えて、大変もったいないことである。

このようなさまざまの要求に応えるために、最近血液の低温保存が行なわれるようになった。その他、動物の精子あるいは臓器の低温保存なども行なわれている。また冷凍食品は私達の生活になじみ深いものになっている。

ここで低温というのは零度C以下の温度であって、零度C以下における生理現象や生体組織の状態変化などを研究する低温生物学が、最近、重要な学問分野として発展してきている。低温生物学のいくつかの問題は、必要にせまられて研究している点もあって、現在では技術が先行して基礎的な研究が遅れている。

低温生物学は今あげたいくつかの例からもわかるように、医学や農学、食品工業、工学などの各分野と深い関係にある。また、そこには、重要な社会問題もひそんでいる。

第五章でのべたように、生体内の水は純水と異なった状態にある。そして溶質や温度によっていろいろに変わる。水の環境に対するこの適応性は生物にとってきわめて重要な意義をもっている。零度C以下の低温では生体内の水はどんな作用をするだろうか。それにはまず生体内の水は何度Cで凍るかを知らなければならない。

◎細胞内の水は何度Cで凍るか

水溶液が何度Cで凍るかをしらべるには、その中に温度計を入れて観測すればよい。しかし細胞のように小さなものの中に温度計を入れるわけにはいかないので、別の方法によらなければならない。たとえば水は凍る時に潜熱を出すので、生体組織を冷やしていって、この潜熱が何度で放出されるかをしらべればよい。あるいは、水の熱運動は液体状態から固体状態に変わると、急に遅くなるので、熱運動を測定してもよい。

このようにして、細胞内の氷点をしらべた結果によると、零下一〇度Cと零下八〇度Cで凍る二種の水が存在する。そしてこの氷点は動物の細胞でも植物の細胞でも同じである。この結果は、第五章でのべた蛋白質のまわりの水の氷点と一致している。

結局、零下八〇度Cで凍る水は、細胞内の蛋白質その他の生体高分子に直接結合している水（154ページの図38のA層）であり、零下一〇度Cで凍る水は細胞質の残りの水（図38のB層）である。強く束縛されていて、きちんと配列している水ほど凍りにくい。

◎生体組織の凍結

たとえば赤血球をドライアイス（零下七五度C）とか、液体窒素（零下一九六度C）で冷やして凍らせ、顕微鏡でのぞいてみると、血球がこわれて視野全体が赤くなっている。

赤血球がこわれる原因の中で最も重要なのは、水の影響である。液体から固体に変わる時、水は体積がふえる数少ない物質の一つである。

細胞質は零下一〇度Cで凍るから、液体窒素などで冷やした時には、細胞質の大部分の水は凍ってしまう。そして細胞膜は水の体積膨張に耐えるだけの強さはないので、破裂してしまう。あるいは細胞の外の水（今あげた例では赤血球を溶かしてある水）が凍るので、そのために押しつぶされてしまう。

もう一つの作用がある。これは比較的ゆっくり凍らせた時に現れる。冷却速度が遅いと、まず細胞の外の水が凍る。この時、水だけが凍るので、細胞外液の塩濃度が高くなる、つまり濃縮が起こる。ある程度濃縮が進み、細胞内の塩濃度よりも高くなると、浸透圧のために、細胞内の水が外へでてくる。それで細胞が縮んでしまう。このような状態では細胞内の蛋白質などは脱水やその他の不可逆的な変化をうけ、温めて氷をとかしても、元の状態に戻らない。細胞内の水の六五パーセントが失われると、細胞は死んでしまう。

また凍結がうまくいっても、温めて氷をとかす（解凍といっている）時に、細胞が死ぬこともある。

一般に、細胞を凍結する場合に有害な温度は、細胞の種類に無関係に零下一〇度C前後である。すなわち細胞質が凍る温度である。そして、細胞を凍結した状態で保存するには、零下八〇度C以下ならば安全であると考えられている。

したがって、実際問題として、いかにして危険な温度をうまく通りぬけるかという点に、研究の主眼がおかれてきた。

細胞が死ぬのは、細胞内に氷の結晶ができたり脱水和が起こるためであるが、冷却の速度がはやいと細胞内の水が過冷却のままで存在すると考えられている。しかしあまりはやく冷却すると、過冷却の水が凍って細胞が死んでしまう。また遅いと細胞の脱水が起こって、好ましくない。それで最適の冷却速度が存在する。この速度は細胞によって異なり、たとえば、赤血球は一分間に三〇〇〇度C、酵母は一分間に七度Cの速度で冷却しなければならない。

細胞を凍結する場合に起こる傷害の原因は、まだ十分には解決されていないが、生体組織を凍結しても、細胞が死なないための最も重要な条件は、細胞内の水が凍らないことであるといってもよいであろう。そのために、いろいろな方法が提案されている。

◎精子の凍結

精子は光学顕微鏡でみれば、生死を容易に判別することができるので、精子の凍結の研究は古くから行なわれていた。また精子の保存は家畜の増産や品種改良の点からも、非常に大事な問題である。たとえば、種馬や種牛を運ぶのに比べると、凍結した精子の方が楽で、経費も問題にならないくらい安くてすむ。

現在では、たいていの家畜の精子は数十年以上にわたって凍結保存をすることが可能になった。たとえば、牛は一年間に、八〇〇〇万頭が人工授精で繁殖しているが、そのうち数千万頭は凍結精子によるということである。精子の凍結保存が可能となった現在では、親が死んでも、その精子による繁殖が行なわれている。

それでは、精子の凍結保存はどうやって行なわれるのであろうか。すなわち、精子の中の水の性質を変えるには、どうしたらよいのであろうか。

さて、水にある物質を溶かすと、この溶質分子またはイオンと接している水分子の状態は、分子との作用のために、純水中の水分子の状態と異なる。すなわち溶質の種類によって、純水中の水分子よりも動きやすくなったり、動きにくくなったりする。

まず第一に、氷になるという観点からすれば、水分子が動きにくい方が凍りにくい。

次に、水分子の運動を抑える物質の中で、それが生体、つまり細胞内に存在する蛋白質などの状態に変化をあたえる物質ではいけない。たとえば、すでにふれたように、食塩などの電解質はある濃度以上になると、蛋白質の沈澱を引き起こす。したがって、中性分子で、生物に害をあたえないものがよい。

第三に、細胞膜を自由に通過できる物質でなければならない。たとえば、ぶどう糖にはD型とL型の二種類あって、D型は細胞膜を通過するが、L型は通過しない。

このように考えると、グリセリンが最適の物質であることがわかる。その他に、ぶどう糖なども用いられている。このような物質を凍結保護物質と呼んでいる。

実は、精子や血液の凍結保存の研究者達は、このように考えてグリセリンをみつけたわけではない。むしろ手近にある物質を片端から試し、試行錯誤でみつけたといってよい。

これについて、次のようなエピソードがある。シェフナーが一九四二年に果糖溶液を用いてニワトリの精子の凍結保存の研究を行なった。ところが、ポルジュが一九四九年に、シェフナーの実験を追試した時に、果糖溶液と間違えて、グリセリン溶液を用いた。こうして、グリセリンがそれまでに用いられていた凍結保護物質よりも、はるかにすぐれた性質をもっていることが発見されたのである。

グリセリンは

$$\begin{array}{l} CH_2\text{–}OH \\ | \\ CH\text{–}OH \\ | \\ CH_2\text{–}OH \end{array}$$

という構造式で表される甘味のある化合物で、純粋なグリセリンは一七・八度Cで結晶化する。水を加えると融点が下がり、グリセリン六六・七パーセント水溶液の共晶点は零下四六・五度Cである。任意の割合で水に溶け、蛋白質水溶液に溶かすと、塩類を加えた時に、蛋白質が変性するのを防ぐ作用をもっている。

グリセリンを精液に加えると、精子の細胞膜を通って細胞内に入り、細胞内の蛋白質などの生体高分子はグリセリンでおおわれる。また細胞質の水分子は、グリセリンと結合して運動の自由度を失う。

このような状態の精子を液体窒素で凍結しても、細胞内の水は過冷却の状態を保っているので、精子は死なない。生命活動を停止しているだけであって、常温にもどすと、ただちに活動を始める。

第四章でのべたように、ドゥナリエラは凍結を防ぐために、細胞内に高濃度のグリセリンを蓄えている。

◎利点の多い冷凍血液

血液の凍結といっても、現在主として行なわれているのは、赤血球の冷凍保存である。その他血小板、リンパ球、骨髄の冷凍保存も試みられている。

前にのべたように、細胞内の水の性質に関しては、赤血球はガン細胞に似ていて、構造化の程度が少なく、温度変化に対して弱い。

赤血球の凍結保存のために、細胞内の水の性質を変える必要がある。精子の場合と同様に、適当な濃度のグリセリン液に血液を溶かして、零下一九六度Cの液体窒素で冷却する方法が用いられている。輸血を行なう場合には、適当な方法でグリセリンを洗い出す。

冷凍血液には、隅田幸男によると次のようないろいろの利点がある。

(1)半永久的に保存できる。
(2)期限切れの血液をなくせる。
(3)血液成分輸血ができる。
(4)血清肝炎が減少する。
(5)自家血液の計画的預血と利用ができる。
(6)非溶血性輸血反応が減少する。

(7)組織適合性抗原による感作が少ない。

このうち、(5)は誰でも健康な時に自分の血液をとって凍結保存し、必要な時に利用するということである。現在いくつかの病院で、手術の数週間前に、自分の血液を凍結保存し、他人の血液はまったく使用しないで手術に成功している。

人の赤血球の寿命は一二〇日である。血液中には新しい赤血球や老化してきた赤血球が混じっている。古くなった赤血球は凍結保存の間に壊れてしまうので、冷凍血液には若い赤血球だけが残るのである。

冷凍血液は長期保存するほど白血球が壊れるので、抗白血球抗体との反応によるアレルギー症状は発症しない。これらの結果から冷凍血液は輸血を必要とする患者（ガン患者も含む）にとって最良の血液製剤と言える（隅田・渡辺、一九八六年）。

なお、血液の凍結保存には液体窒素を用いるので、維持費が高い。このような血液銀行は国立でなければならない。

（日本における最初の冷凍血液による輸血は、福岡中央病院外科部長の隅田幸男によってなされた。一九六六年二月八日である）

急性白血病の治療には骨髄移植が行なわれているが、骨髄も血液と同様な方法で半永久的に保存できる。血液の場合と同じように、国立の骨髄銀行をつくるのが望ましい。

◎冷凍人間は蘇生するか

角膜や腎臓などの移植によって病人は多くの苦しみから解放される。現在はこれらの臓器は二四時間以内に移植しなければならない。したがって、角膜や腎臓を凍結保存することができれば、もっと多くの人達を助けることができるであろう。残念ながら現在はまだ成功していない。

臓器はいろいろな細胞が集まった複雑な系である。たとえば血液の場合でも、赤血球と白血球を凍結保存する時のグリセリン濃度が異なる。そのため赤血球を凍結すると、その過程で混ざっていた白血球はこわれてしまう。凍結血液の利点の原因の一つはこんなところにある。

この例からわかるように、臓器の凍結には、その中に含まれているすべての種類の細胞の保護ができるような条件や保護物質をみつけなければならない。これは非常に難しい。

アメリカにはいつか医学が進歩して蘇生させてくれることを望み、死人を冷凍保存する会社があるということだが、以上のようなわけで、この人間の組織は破壊されているだろう。冷凍人間の蘇生は遠い未来のことである。

◎雪どけ水の謎

低温は今のべたように、生物にとって有害な面もあるが、一方ではこれと矛盾するような事実もある。

たとえば、ワムシとか線虫類は零下二五三度Cに冷凍した後でも蘇生するという実験がある。植物の種子は元来水分が少ないので低温に対して抵抗力が強いが、トウモロコシの穀粒やある種の植物の種子や胞子は絶対零度（零下二七三度C）近くで保存しておいても、発芽率を失わない。これらの結果は、生物は極低温でも死なないという例であるが、もっと積極的な作用も見出されている。

雪どけ水は生物に対して生理能力を高める働きをもっている。ソビエト極地探険隊の報告によると、氷がとける時にプランクトンが突然に増え、海面がプランクトンでおおわれてしまう。

また別の報告によると、雪どけ水によって、若木が急に生長し、雌鳥がよく卵を産むようになり、また牝牛の乳量も増す。

ロジーナとロジンスキーは次のような実験を行なった。トウモロコシチョウの青虫を長時間零度Cに保っておき、それから数時間零下三〇度Cに冷やした。最後にこの青虫を零下二六九度Cに冷凍した。その後で、常温に暖めると青虫が蘇生し、普通のようにサナギになり、それからチョウになった。このチョウは卵も産むことができた。次の実験はもっと興味がある。

スィソエフとアンドリヤツェンコは年とったネズミを氷づけにし、体温が二二〜二五度Cに下がるまでそのままにしておいた。それから外に取り出して体温が二七度Cになるまで待ち、再び氷づけにした。この操作を三〜四回繰り返した。一回の低温状態の時間は約四時間であった。この操作の後でネズミは活発になり、食欲も増し、毛並みもつやつやとして一新し、すっかり若返った。

以上の例は、高等な生物でも適当な方法で低温に保っておいても蘇生させることができる、あるいは臓器の冷凍保存は可能であるという希望をあたえてくれる。

カザンの生物研究所で行なわれた研究によると、秋まきコムギの葉の中にある脱水素酵素の活性が雪どけ水によって増加した。第五章でのべたように、酵素の活性点のまわりの水は氷に似た配列をしている。このような水の中をNa^+イオンなどが通過する時は、大きな抵抗を示すが、電子は逆に配列した水の中の方がずっと通りやすい。低温にすると水分子の配列の程度が高くなり、酵素活性が増す。

このようにして、冷たい水は生物の生理活性を高める作用をもっているが、その理由はまだ十分には明らかにされていない。

◎血液と精子の凍結乾燥

精子や血液は現在のところ、液体窒素の中で保存されている。そのための維持費は相当なものである。先に高野どうふの凍結乾燥についてふれた。蛋白質や核酸なども凍結乾燥することができ、これらを再び水に溶かすと、正常の機能を発揮する。

もし、精子や血液を凍結乾燥して、粉末の状態で保存することができると、取り扱いはいっそう簡単になり、保存の費用もはるかに安くなる。

一九六〇年頃にアメリカの有名な低温生物学者がイギリスの科学雑誌「ネイチャー」に牛精子の凍結乾燥に成功したという報告を発表し、世界の学者に衝撃をあたえたことがあった。ところが、彼の研究を多くの研究者達が追試した結果、凍結乾燥した精子はすべて死んでいることがわかり、彼自身も四年後に間違いであることを認めた。

血液の凍結乾燥もまだ成功していない。

その主な原因の一つは、細胞膜が凍結乾燥の過程で壊れてしまうことであると考えられている。細胞膜はリン脂質の二重膜に蛋白質が埋めこまれた複雑な構造をもっているが、乾燥によって脱水が起こる時に、脂質分子の配列が乱され、再び水に溶かした時に二重膜構造に復元しないのではないかと考えられる。脱水の方法が非常に難しいのである。

◈ガンの凍結療法

これまでは凍結に対して、生体組織を保護することをのべてきた。これとは反対に凍結によって細胞が破壊されることに注目し、これを病気の治療に使うという凍結療法が注目をあびてきている。

ガンや腫瘍は多種多様であって、その細胞の性質も異なっているが、前にのべたように、一般にガン細胞内の水の状態は正常な他の細胞よりも構造化の程度が小さい。したがって、ガン細胞内の水は比較的凍りやすい状態にある。

ある種の初期のガンを直接凍結（零下七〇度C～零下一九〇度Cで）すると、この細胞内の水が凍るので、細胞はこわれて死んでしまう（壊死《えし》という）。ある場合には、凍結と解凍を数回繰り返す。それから凍結をとくと、自然に回復してガンが治ってしまう。

凍結は手術をしなくてもできるので、患者にとっても非常に楽である。この凍結療法はすべてのガンに有効であるとは限らない。その他、免疫の点でも未解決の問題があるが、きわめて将来性のある治療法である。

不活性気体の多くは気体水和物をつくって、そのまわりの多くの水分子を固定化する。そのため不活性気体はガン細胞の増殖を抑制する作用をもっている。もし適当な不活性気体をガン細胞に吸収させて温度を下げると、零下七〇度C以下のような極低温にしなくても、ガン細胞の凍結破壊ができる可能性がある。

細胞内に氷が生成する速さも大事な因子であろう。前にふれたように、氷の方が水よりも熱伝導率が高い。したがって正常の細胞の方が、水の構造化の程度の小さいガン細胞よりも熱を伝えやすい。ガン細胞の凍結療法に関して、こういった面からの研究も必要であると考えられる。

新聞の報道によると、神経繊維を零下七〇度Cに冷やして凍結傷害をあたえ、痛みを完全に止める方法がイギリスで行なわれている。この神経繊維は後で回復するということである。この方法は低温における水の構造化という点からも興味がある。

◈人体実験

一九五二年の日本生理学雑誌（第二巻一七七ページ英文）に、当時京都府立医大の教授であった吉村寿人がある論文を発表している。

この論文の主な内容は、左手中指を零度Cの氷水に三〇分間浸けて、その指の温度を測定したものである。実験は一五歳以上の中国人労働者一〇〇名、七～一四歳の中国人学童二〇名、生後一ヵ月および六ヵ月の赤ん坊、それから生後わずか三日目の新生児について行なった。この赤ん坊たちの指の温度の低下と時間の関係のグラフものっている。このグラフをみていると、赤ん坊の泣きさけぶ声が耳に聞こえるようである。

読者の中には旧満州（中国東北部）にあった日本軍の七三一部隊のことをご存じの方もいると思う。吉村はこの実験を七三一部隊にいた当時行なった。発表が朝鮮戦争中の一九五二年になされたことも意味深長である。

この実験は凍傷の予防治療の目的でなされたものらしい。凍傷またはそれに近い状態の患部を普通の体温にまでもってくると、身体中が粉々にひきちぎられるような実にひどい痛みをおぼえ、この痛みは数時間にわたってとぎれることなく続くのである。寒い地方に育った人ならば、たぶん経験しているであろう。さらに大人に比べて子供の手がしもやけにかかりやすいことは、雪国の人間ならば誰でも知っていることである。

低温生物学の研究は私達の生活に希望をあたえる明るい面もあるが、一方このようなおそるべき非人間的な暗黒面もあるのである。時々の新聞の報道から察することができるように、現在でも適当な名目の下にいろいろな形で人体実験が行なわれている。

「むかしから気にかかっている近代日本文学史上の問題のひとつとして、ひとりの文学者が世にたつために、身近のものに強いた犠牲のふかさということがある。『破戒』の完成のために、妻を夜盲症にし、三人の子供をつぎつぎと死なせた島崎藤村の場合なぞ典型的だが……おのが芸術を成り立たせるために、身辺のものに強いた犠牲のふかさを、私は忘れることができない。果して芸術の名において、骨肉に犠牲を強いることは許されるか、芸術・文学はそれほど大したものなのか……」(平野謙、昭和文学私論)

芸術・文学を学問・科学に、身近のものを人間におきかえた上で、平野謙の意見に全面的に賛成である。

あとがき

本書の初版は約三〇年前に出版された。筆者は本書がこれほど長く多くの人たちに読まれるとは想像もしていなかった。筆者にとって、これは望外の喜びである。

研究会や講演会で本書の愛読者の方々と話す機会があり、これらの話を通じて筆者は大きな刺激を受けた。ここで読者の方々に心から感謝したい。

本書が契機となって、筆者は専門の異なる多くの研究者と友人になり、それぞれの立場から水についての議論を重ねてきた。その過程で水の新しい分野に関する共著を書いたり、共同研究を始めることになったのである。書物は著者の手から離れると、それ自身独自の働きを示す。筆者もこの本によって大きな恩恵をこうむったと言える。

現在は、水への関心は人々の間にさらに広まり、ますます深く浸透しているように思われる。

このたび、新装版を出版することになったので、この機会に一九九〇年以降に発表された内外の研究を参考にし、それに筆者らの仕事を含めて、読者が興味を持つと思われる事柄についていろいろ加筆した。その多くは第四章以下の項目に関係している。また、一般社会の間に広がっている水のクラスター説の誤りについての解説も加えた。なお、旧版のわかりにくい部分は理解しやすいように書き改めた。

新装版によって旧版と同様に多くの人たちに水に対する興味と関心を持っていただければ幸いである。

この機会に、一九九一年に若い仲間と始めた水科学研究会の会員の方々に厚くお礼申し上げたい。研究会ではさまざまな専門分野の研究者が、水が関与している現象について講演し、一時間以上にわたって討論や議論が行なわれている。二〇〇九年一月一〇日には、異なる分野の九人の講師によって「水の科学」というテーマで一〇〇回目の記念講演会が開かれた。筆者はこの会によって実に多くのことを教えられた。

新装版での加筆にあたって、忌憚《きたん》のない意見を述べ、手書きの原稿からワープロによる文書を作成してくれた共同研究者である妻、初穂に深く感謝する。

最後に、新装版を出版する機会を与えて頂き、本にまとめるためにいろいろお世話になったブルーバックス出版部部長の堀越俊一さんに厚く感謝します。

二〇〇九年七月　　上平恒

参考文献

一般向け

『生命からみた水　増補版』上平恒著、共立出版、二〇〇九年
『水の不思議、水の奇跡』上平恒著、七つ森書館、二〇一七年
『水の話・十講——その科学と環境問題』鈴木啓三著、化学同人、一九九七年

筆者の書いた専門書

『生体系の水』上平恒・逢坂昭共著、講談社サイエンティフィク、一九八九年
『水の分子工学』上平恒著、講談社サイエンティフィク、一九九八年
『水の分子生理』上平恒・多田羅恒雄共著、メディカル・サイエンス・インターナショナル、一九九八年

引用文献

「NMR分光法による水評価」大河内正一・石原義正・荒井強・上平恒、水環境学会誌、第一六巻、四〇九〜四一五ページ、一九九三年
「冷凍血液——特に長期保存と癌患者の延命効果について」隅田幸男・渡辺英一、診断と治療、七四巻、一〇号、二一一五〜二一二〇ページ、一九八六年

赤血球 171, 209
赤血球膜 92, 135
潜水病 200
疎水基 85, 111
疎水性 203
疎水性水和 89, 122
疎水性相互作用 123, 149

【た行】

体液 144
滞在時間 89
体積減少 87
単純液体 42
蛋白質 146
蛋白質の表面 155
同位体 55
凍結乾燥 51, 218
凍結保護物質 212
凍結療法 219
凍死 189
ドゥナリエラ 136
糖の構造式 93

【は行】

反発力 26
ヒアルロン酸 164
表面張力 110
ファン・デル・ワールス力 23
不活性気体 182
負の水和 103
プロトン交換速度 73
分子運動 16
分子運動の速さ 35
分子の熱運動 16
分離圧 190
並進運動 19
ヘキソキナーゼ 163
変性 160
ポテンシャル曲線 27

【ま行】

麻酔作用 186
ミオグロビン 150
水の活量 133
水の構造 64
水の構造化 170, 175
水のダイナミックな構造 69
水の比熱 48
水分子の構造 43
無極性分子 24
毛（細）管現象 114

【や行】

雪どけ水 217
溶解性 78

【ら行】

冷却速度 210
冷凍血液 215

さくいん

【アルファベット】

A層の水分子 158, 167
B層の水分子 158, 167
N_2ガスの麻酔作用 202
N_2の作用 200

【あ行】

アクアポリン 168
圧縮率 53
引力 26
エコロジー 196
エタノール水溶液 82
エントロピー 118

【か行】

回転運動 19, 62
ガス麻酔 184
ガラス状態 63
ガン細胞 172, 220
気体水和物 124, 182
気体の溶解度 198
気体分子の平均速度 14
クーロンの引力 31
クーロン力 23, 97
クラスター水 71
クラスレート水和物 127
グリセリン 138, 212
結合水 151
酵素 162
氷の結晶構造 59
氷の密度 61

【さ行】

最近接分子数 64, 66
最大密度温度 59
細胞膜 113
酸素族 41
自己拡散係数 90
周期律表 41
重水 56, 176
親水基 85
浸透圧 131
浸透現象 130, 134
水酸基 82
水素結合 44
水和 146
水和数 98
すきまの水 128
ストークスの法則 105
ストークス半径 105
精子 211
正四面体構造 46
正の水和 102

N.D.C.435.44　227p　18cm

ブルーバックス　B-1646

水《みず》とはなにか〈新装版《しんそうばん》〉
ミクロに見たそのふるまい

2009年7月20日　第1刷発行
2024年4月8日　第12刷発行

著者　上平《うえだいら》　恒《ひさし》
発行者　森田浩章
発行所　株式会社講談社
　〒112-8001 東京都文京区音羽2-12-21
電話　出版　03-5395-3524
　販売　03-5395-4415
　業務　03-5395-3615
印刷所　(本文表紙印刷) 株式会社ＫＰＳプロダクツ
　(カバー印刷) 信毎書籍印刷株式会社
製本所　株式会社ＫＰＳプロダクツ

定価はカバーに表示してあります。

ISBN978-4-06-257646-8

発刊のことば

科学をあなたのポケットに

二十世紀最大の特色は、それが科学時代であるということです。科学は日に日に進歩を続け、止まるところを知りません。ひと昔前の夢物語もどんどん現実化しており、今やわれわれの生活のすべてが、科学によってゆり動かされているといっても過言ではないでしょう。

そのような背景を考えれば、学者や学生はもちろん、産業人も、セールスマンも、ジャーナリストも、家庭の主婦も、みんなが科学を知らなければ、時代の流れに逆らうことになるでしょう。

ブルーバックス発刊の意義と必然性はそこにあります。このシリーズは、読む人に科学的に物を考える習慣と、科学的に物を見る目を養っていただくことを最大の目標にしています。そのためには、単に原理や法則の解説に終始するのではなくて、政治や経済など、社会科学や人文科学にも関連させて、広い視野から問題を追究していきます。科学はむずかしいという先入観を改める表現と構成、それも類書にないブルーバックスの特色であると信じます。

一九六二年九月　　野間省一

ブルーバックス　化学関係書

969 化学反応はなぜおこるか　上野景平
1152 酵素反応のしくみ　藤本大三郎
1188 金属なんでも小事典　増本　健＝監修　ウォーク＝編著
1240 ワインの科学　清水健一
1296 暗記しないで化学入門　平山令明
1334 マンガ　化学式に強くなる　高松正勝＝原作　鈴木みそ＝漫画
1508 新しい高校化学の教科書　左巻健男＝編著
1534 化学ぎらいをなくす本（新装版）　米山正信
1583 熱力学で理解する化学反応のしくみ　平山令明
1591 発展コラム式　中学理科の教科書　第1分野（物理・化学）　滝川洋二＝編
1646 水とはなにか（新装版）　上平　恒
1710 マンガ　おはなし化学史　松本　泉＝原作　佐々木ケン＝漫画
1729 有機化学が好きになる（新装版）　米山正信／安藤　宏
1816 大人のための高校化学復習帳　竹田淳一郎
1849 分子からみた生物進化　宮田　隆
1860 発展コラム式　中学理科の教科書　改訂版　物理・化学編　滝川洋二＝編
1905 あっと驚く科学の数字　数から科学を読む研究会
1922 分子レベルで見た触媒の働き　松本吉泰
1940 すごいぞ！　身のまわりの表面科学　日本表面科学会

1956 コーヒーの科学　旦部幸博
1957 日本海　その深層で起こっていること　蒲生俊敬
1980 夢の新エネルギー「人工光合成」とは何か　光化学協会＝編　井上晴夫＝監修
2020 「香り」の科学　平山令明
2028 元素118の新知識　桜井　弘＝編
2080 すごい分子　佐藤健太郎
2090 はじめての量子化学　平山令明
2097 地球をめぐる不都合な物質　日本環境化学会＝編著
2185 暗記しないで化学入門　新訂版　平山令明

ブルーバックス12cmCD-ROM付

BC07 ChemSketchで書く簡単化学レポート　平山令明

ブルーバックス　生物学関係書(I)

1073 へんな虫はすごい虫　安富和男
1176 考える血管　児玉龍彦／浜窪隆雄
1341 食べ物としての動物たち　伊藤　宏
1391 ミトコンドリア・ミステリー　林　純一
1410 新しい発生生物学　木下　圭／浅島　誠
1427 筋肉はふしぎ　杉　晴夫
1439 味のなんでも小事典　日本味と匂学会＝編
1472 DNA(上)　ジェームス・D・ワトソン／アンドリュー・ベリー　青木　薫＝訳
1473 DNA(下)　ジェームス・D・ワトソン／アンドリュー・ベリー　青木　薫＝訳
1474 クイズ　植物入門　田中　修
1507 新しい高校生物の教科書　栃内　新／左巻健男＝編著
1528 新・細胞を読む　山科正平
1537 「退化」の進化学　犬塚則久
1538 進化しすぎた脳　池谷裕二
1565 これでナットク！　植物の謎　日本植物生理学会＝編
1592 発展コラム式　中学理科の教科書　第2分野（生物・地球・宇宙）　石渡正志／滝川洋二＝編
1612 光合成とはなにか　園池公毅
1626 進化から見た病気　栃内　新
1637 分子進化のほぼ中立説　太田朋子
1647 インフルエンザ　パンデミック　河岡義裕／堀本研子
1662 老化はなぜ進むのか　近藤祥司
1670 森が消えれば海も死ぬ　第2版　松永勝彦
1681 マンガ　統計学入門　アイリーン・マグネロ＝文／ボリン・V・ルーン＝絵　神永正博＝監訳／井口耕二＝訳
1712 図解　感覚器の進化　岩堀修明
1725 魚の行動習性を利用する釣り入門　川村軍蔵
1727 iPS細胞とはなにか　朝日新聞大阪本社科学医療グループ
1730 たんぱく質入門　武村政春
1792 二重らせん　ジェームス・D・ワトソン／江上不二夫／中村桂子＝訳
1800 ゲノムが語る生命像　本庶　佑
1801 新しいウイルス入門　武村政春
1821 これでナットク！　植物の謎Part2　日本植物生理学会＝編
1829 エピゲノムと生命　太田邦史
1842 記憶のしくみ（上）　ラリー・R・スクワイア／エリック・R・カンデル　小西史朗／桐野　豊＝監修
1843 記憶のしくみ（下）　ラリー・R・スクワイア／エリック・R・カンデル　小西史朗／桐野　豊＝監修
1844 死なないやつら　長沼　毅
1849 分子からみた生物進化　宮田　隆
1853 図解　内臓の進化　岩堀修明

ブルーバックス　生物学関係書(II)

1861 発展コラム式　中学理科の教科書　改訂版　生物・地球・宇宙編　石渡正志／滝川洋二＝編
1872 マンガ　生物学に強くなる　渡邊雄一郎＝監修／堂嶋大輔＝作
1874 もの忘れの脳科学　苧阪満里子
1875 カラー図解　アメリカ版　大学生物学の教科書　第4巻　進化生物学　D・サダヴァ他／石崎泰樹／斎藤成也＝監訳
1876 カラー図解　アメリカ版　大学生物学の教科書　第5巻　生態学　D・サダヴァ他／石崎泰樹／斎藤成也＝監訳
1889 社会脳からみた認知症　伊古田俊夫
1898 哺乳類誕生　乳の獲得と進化の謎　酒井仙吉
1902 巨大ウイルスと第4のドメイン　武村政春
1923 コミュ障　動物性を失った人類　正高信男
1929 心臓の力　柿沼由彦
1943 神経とシナプスの科学　杉　晴夫
1944 細胞の中の分子生物学　森　和俊
1945 芸術脳の科学　塚田　稔
1964 脳からみた自閉症　大隅典子
1990 カラー図解　進化の教科書　第1巻　進化の歴史　カール・ジンマー／ダグラス・J・エムレン／更科　功／石川牧子／国友良樹＝訳
1991 カラー図解　進化の教科書　第2巻　進化の理論　カール・ジンマー／ダグラス・J・エムレン／更科　功／石川牧子／国友良樹＝訳
1992 カラー図解　進化の教科書　第3巻　系統樹や生態から見た進化　カール・ジンマー／ダグラス・J・エムレン／更科　功／石川牧子／国友良樹＝訳
2010 生物はウイルスが進化させた　武村政春
2018 カラー図解　古生物たちのふしぎな世界　土屋　健／田中源吾＝協力
2034 DNAの98%は謎　小林武彦
2037 我々はなぜ我々だけなのか　川端裕人／海部陽介＝監修
2070 筋肉は本当にすごい　杉　晴夫
2088 植物たちの戦争　日本植物病理学会＝編著
2095 深海——極限の世界　藤倉克則・木村純一＝編著／海洋研究開発機構＝協力
2099 王家の遺伝子　石浦章一
2103 我々は生命を創れるのか　藤崎慎吾
2106 うんち学入門　増田隆一
2108 DNA鑑定　梅津和夫
2109 免疫の守護者　制御性T細胞とはなにか　坂口志文／塚﨑朝子
2112 カラー図解　人体誕生　山科正平
2119 免疫力を強くする　宮坂昌之
2125 進化のからくり　千葉　聡
2136 生命はデジタルでできている　田口善弘
2146 ゲノム編集とはなにか　山本　卓
2154 細胞とはなんだろう　武村政春

ブルーバックス　生物学関係書（III）

2156 新型コロナ　7つの謎　宮坂昌之
2159 「顔」の進化　馬場悠男
2163 カラー図解　アメリカ版　新・大学生物学の教科書　第1巻　細胞生物学　D・サダヴァ他　石崎泰樹・中村千春＝監訳　小松佳代子＝訳
2164 カラー図解　アメリカ版　新・大学生物学の教科書　第2巻　分子遺伝学　D・サダヴァ他　石崎泰樹・中村千春＝監訳　小松佳代子＝訳
2165 カラー図解　アメリカ版　新・大学生物学の教科書　第3巻　分子生物学　D・サダヴァ他　石崎泰樹・中村千春＝監訳　小松佳代子＝訳
2166 寿命遺伝子　森　望
2184 呼吸の科学　石田浩司
2186 図解　人類の進化　斎藤成也＝編・著　海部陽介　米田　穣　隅山健太
2190 生命を守るしくみ　オートファジー　吉森　保
2197 日本人の「遺伝子」からみた病気になりにくい体質のつくりかた　奥田昌子

79 相対性理論の世界 J・A・コールマン 中村誠太郎=訳
563 電磁波とはなにか 後藤尚久
584 10歳からの相対性理論 都筑卓司
733 紙ヒコーキで知る飛行の原理 小林昭夫
911 電気とはなにか 室岡義広
1012 量子力学が語る世界像 和田純夫
1084 図解 わかる電子回路 加藤 肇／見城尚志 高橋 久
1128 原子爆弾 山田克哉
1150 音のなんでも小事典 日本音響学会=編
1174 消えた反物質 小林 誠
1205 クォーク 第2版 南部陽一郎
1251 心は量子で語れるか ロジャー・ペンローズ／A・シモニー N・カートライト／S・ホーキング 中村和幸=訳
1259 光と電気のからくり 山田克哉
1310 「場」とはなんだろう 竹内 薫
1380 四次元の世界（新装版） 都筑卓司
1383 高校数学でわかるマクスウェル方程式 竹内 淳
1384 マックスウェルの悪魔（新装版） 都筑卓司
1385 不確定性原理（新装版） 都筑卓司
1390 熱とはなんだろう 竹内 薫
1391 ミトコンドリア・ミステリー 林 純一
1394 ニュートリノ天体物理学入門 小柴昌俊
1415 量子力学のからくり 山田克哉
1444 超ひも理論とはなにか 竹内 薫
1452 流れのふしぎ 石綿良三／根本光正=著 日本機械学会=編
1469 量子コンピュータ 竹内繁樹
1470 高校数学でわかるシュレディンガー方程式 竹内 淳
1483 新しい物性物理 伊達宗行
1487 ホーキング 虚時間の宇宙 竹内 薫
1509 新しい高校物理の教科書 山本明利 左巻健男=編著
1569 電磁気学のABC（新装版） 福島 肇
1583 熱力学で理解する化学反応のしくみ 平山令明
1591 発展コラム式 中学理科の教科書 第1分野（物理・化学） 滝川洋二=編
1605 マンガ 物理に強くなる 関口知彦=原作 鈴木みそ=漫画
1620 高校数学でわかるボルツマンの原理 竹内 淳
1638 プリンキピアを読む 和田純夫
1642 新・物理学事典 大槻義彦／大場一郎=編
1648 量子テレポーテーション 古澤 明
1657 高校数学でわかるフーリエ変換 竹内 淳
1675 量子重力理論とはなにか 竹内 薫
1697 インフレーション宇宙論 佐藤勝彦

ブルーバックス　物理学関係書（II）

1701 光と色彩の科学　齋藤勝裕
1715 量子もつれとは何か　古澤 明
1716 「余剰次元」と逆二乗則の破れ　村田次郎
1720 傑作！ 物理パズル50　ポール・G・ヒューイット＝作　松森靖夫＝編訳
1728 ゼロからわかるブラックホール　大須賀健
1731 宇宙は本当にひとつなのか　村山 斉
1738 物理数学の直観的方法（普及版）　長沼伸一郎
1776 現代素粒子物語（高エネルギー加速器研究機構）＝協力　中嶋 彰／KEK
1780 オリンピックに勝つ物理学　望月 修
1799 宇宙になぜ我々が存在するのか　村山 斉
1803 高校数学でわかる相対性理論　竹内 淳
1815 大人のための高校物理復習帳　桑子 研
1827 大栗先生の超弦理論入門　大栗博司
1836 真空のからくり　山田克哉
1860 発展コラム式 中学理科の教科書 改訂版 物理・化学編　滝川洋二＝編
1867 高校数学でわかる流体力学　竹内 淳
1871 アンテナの仕組み　小暮裕明　小暮芳江
1894 エントロピーをめぐる冒険　鈴木 炎
1905 あっと驚く科学の数字 数から科学を読む研究会
1912 マンガ おはなし物理学史　小山慶太＝原作　佐々木ケン＝漫画
1924 謎解き・津波と波浪の物理　保坂直紀
1930 光と重力 ニュートンとアインシュタインが考えたこと　小山慶太
1932 天野先生の「青色LEDの世界」　天野 浩／福田大展
1937 輪廻する宇宙　横山順一
1940 すごいぞ！ 身のまわりの表面科学　日本表面科学会
1960 超対称性理論とは何か　小林富雄
1961 曲線の秘密　松下泰雄
1970 高校数学でわかる光とレンズ　竹内 淳
1981 宇宙は「もつれ」でできている　ルイーザ・ギルダー　山田克哉＝監訳　窪田恭子＝訳
1982 光と電磁気 ファラデーとマクスウェルが考えたこと　小山慶太
1983 重力波とはなにか　安東正樹
1986 ひとりで学べる電磁気学　中山正敏
2019 時空のからくり　山田克哉
2027 重力波で見える宇宙のはじまり　ピエール・ビネトリュイ　安東正樹＝監訳　岡田好恵＝訳
2031 時間とはなんだろう　松浦 壮
2032 佐藤文隆先生の量子論　佐藤文隆
2040 ペンローズのねじれた四次元 増補新版　竹内 薫
2048 $E=mc^2$ のからくり　山田克哉
2056 新しい1キログラムの測り方　臼田 孝

2061 科学者はなぜ神を信じるのか　三田一郎
2078 独楽の科学　山崎詩郎
2087 「超」入門　相対性理論　福江　淳
2090 はじめての量子化学　平山令明
2091 いやでも物理が面白くなる　新版　志村史夫
2096 2つの粒子で世界がわかる　森　弘之
2100 プリンシピア　自然哲学の数学的原理　第I編　物体の運動　アイザック・ニュートン　中野猿人＝訳・注
2101 プリンシピア　自然哲学の数学的原理　第II編　抵抗を及ぼす媒質内での物体の運動　アイザック・ニュートン　中野猿人＝訳・注
2102 プリンシピア　自然哲学の数学的原理　第III編　世界体系　アイザック・ニュートン　中野猿人＝訳・注
2115 量子力学と相対性理論を中心として　「ファインマン物理学」を読む　普及版　竹内　薫
2124 時間はどこから来て、なぜ流れるのか？　吉田伸夫
2129 電磁気学を中心として　「ファインマン物理学」を読む　普及版　竹内　薫
2130 力学と熱力学を中心として　「ファインマン物理学」を読む　普及版　竹内　薫
2139 量子とはなんだろう　松浦　壮
2143 時間は逆戻りするのか　高水裕一
2162 トポロジカル物質とは何か　長谷川修司
2169 アインシュタイン方程式を読んだら「宇宙」が見えた　深川峻太郎
2183 早すぎた男　南部陽一郎物語　中嶋　彰
2193 思考実験　科学が生まれるとき　榛葉　豊
2194 宇宙を支配する「定数」　臼田　孝
2196 ゼロから学ぶ量子力学　竹内　薫

ブルーバックス　技術・工学関係書 (I)

495 人間工学からの発想　小原二郎
911 電気とはなにか　室岡義広
1084 図解　わかる電子回路　加藤 肇／見城尚志／高橋 久
1128 原子爆弾　山田克哉
1236 図解　飛行機のメカニズム　柳生 一
1346 図解　ヘリコプター　鈴木英夫
1396 制御工学の考え方　木村英紀
1452 流れのふしぎ　日本機械学会＝編　石綿良三／根本光正＝著
1469 量子コンピュータ　竹内繁樹
1483 新しい物性物理　伊達宗行
1520 図解　鉄道の科学　宮本昌幸
1545 高校数学でわかる半導体の原理　竹内 淳
1553 図解　つくる電子回路　加藤ただし
1573 手作りラジオ工作入門　西田和明
1624 コンクリートなんでも小事典　土木学会関西支部＝編　井上 晋 他
1660 図解　電車のメカニズム　宮本昌幸＝編著
1676 図解　橋の科学　土木学会関西支部＝編　田中輝彦／渡邊英一 他
1696 ジェット・エンジンの仕組み　吉中 司
1717 図解　地下鉄の科学　川辺謙一
1797 古代日本の超技術　改訂新版　志村史夫
1817 東京鉄道遺産　小野田 滋
1845 古代世界の超技術　志村史夫
1866 暗号が通貨《カネ》になる「ビットコイン」のからくり　吉本佳生／西田宗千佳
1871 アンテナの仕組み　小暮裕明／小暮芳江
1879 火薬のはなし　松永猛裕
1887 小惑星探査機「はやぶさ2」の大挑戦　山根一眞
1909 飛行機事故はなぜなくならないのか　青木謙知
1938 門田先生の3Dプリンタ入門　門田和雄
1940 すごいぞ！ 身のまわりの表面科学　日本表面科学会
1948 すごい家電　西田宗千佳
1950 実例で学ぶRaspberry Pi電子工作　金丸隆志
1959 図解　燃料電池自動車のメカニズム　川辺謙一
1963 交流のしくみ　森本雅之
1968 脳・心・人工知能　甘利俊一
1970 高校数学でわかる光とレンズ　竹内 淳
2001 人工知能はいかにして強くなるのか？　小野田博一
2017 人はどのように鉄を作ってきたか　永田和宏
2035 現代暗号入門　神永正博
2038 城の科学　萩原さちこ
2041 時計の科学　織田一朗
2052 カラー図解　Raspberry Piではじめる機械学習　金丸隆志

ブルーバックス　技術・工学関係書（Ⅱ）

2056 新しい1キログラムの測り方　臼田 孝
2093 今日から使えるフーリエ変換　普及版　三谷政昭
2103 我々は生命を創れるのか　藤崎慎吾
2118 道具としての微分方程式　偏微分編　斎藤恭一
2142 ラズパイ4対応　カラー図解　最新Raspberry Piで学ぶ電子工作　金丸隆志
2144 5G　岡嶋裕史
2172 宇宙で暮らす方法　東京理科大学スペース・コロニー研究センター＝編・著　スペース・コロニー　向井千秋＝監修・著
2177 はじめての機械学習　田口善弘